Fayza Gridi-Bennadji

Matériaux de mullite à microstructure organisée

Fayza Gridi-Bennadji

Matériaux de mullite à microstructure organisée

composés d'assemblages muscovite - kaolinite

Presses Académiques Francophones

Impressum / Mentions légales
Bibliografische Information der Deutschen Nationalbibliothek: Die Deutsche Nationalbibliothek verzeichnet diese Publikation in der Deutschen Nationalbibliografie; detaillierte bibliografische Daten sind im Internet über http://dnb.d-nb.de abrufbar.
Alle in diesem Buch genannten Marken und Produktnamen unterliegen warenzeichen-, marken- oder patentrechtlichem Schutz bzw. sind Warenzeichen oder eingetragene Warenzeichen der jeweiligen Inhaber. Die Wiedergabe von Marken, Produktnamen, Gebrauchsnamen, Handelsnamen, Warenbezeichnungen u.s.w. in diesem Werk berechtigt auch ohne besondere Kennzeichnung nicht zu der Annahme, dass solche Namen im Sinne der Warenzeichen- und Markenschutzgesetzgebung als frei zu betrachten wären und daher von jedermann benutzt werden dürften.

Information bibliographique publiée par la Deutsche Nationalbibliothek: La Deutsche Nationalbibliothek inscrit cette publication à la Deutsche Nationalbibliografie; des données bibliographiques détaillées sont disponibles sur internet à l'adresse http://dnb.d-nb.de.
Toutes marques et noms de produits mentionnés dans ce livre demeurent sous la protection des marques, des marques déposées et des brevets, et sont des marques ou des marques déposées de leurs détenteurs respectifs. L'utilisation des marques, noms de produits, noms communs, noms commerciaux, descriptions de produits, etc, même sans qu'ils soient mentionnés de façon particulière dans ce livre ne signifie en aucune façon que ces noms peuvent être utilisés sans restriction à l'égard de la législation pour la protection des marques et des marques déposées et pourraient donc être utilisés par quiconque.

Coverbild / Photo de couverture: www.ingimage.com

Verlag / Editeur:
Presses Académiques Francophones
ist ein Imprint der / est une marque déposée de
OmniScriptum GmbH & Co. KG
Heinrich-Böcking-Str. 6-8, 66121 Saarbrücken, Deutschland / Allemagne
Email: info@presses-academiques.com

Herstellung: siehe letzte Seite /
Impression: voir la dernière page
ISBN: 978-3-8381-4797-0

Zugl. / Agréé par: Université de Limoges, 2007

Copyright / Droit d'auteur © 2014 OmniScriptum GmbH & Co. KG
Alle Rechte vorbehalten. / Tous droits réservés. Saarbrücken 2014

Dédicace

A mon cher père si dévoué, qui m'a toujours fait aimer la voie du savoir.

A ma gracieuse mère que Dieu la bénisse et la protège de tout mal.

A la mémoire de ma sœur Selma, toujours vivante dans nos cœurs.

A mes chères sœurs Lila, Asma, Hadjira et leurs maris Yacine, Yacine et M'hamed.

A tous ceux qui m'ont illuminé la voie de la science.

A mon cher mari Abderrezak qui m'a toujours aimé, motivé, et soutenu et à sa honorable famille.

Remerciements

Ce mémoire de thèse est le résultat d'un travail effectué pendant 3 années au sein du Laboratoire GEMH (Groupe d'Etude des Matériaux Hétérogènes) de l'ENSCI (Ecole Nationale Supérieure de Céramique Industrielle) de Limoges.

Je souhaite tout d'abord exprimer ma gratitude envers la Communauté Européenne (le Fond Social Européen) et la Région Limousin pour leur aide financière pendant la préparation de cette thèse.

J'exprime ma profonde gratitude à mon directeur de thèse, Monsieur Philippe BLANCHART, pour les précieux conseils qu'il a pu m'apporter en encadrant ce travail, pour sa disponibilité et pour la confiance qu'il m'a témoignée.

Mes gratitudes vont également au professeur Jean-Pierre BONNET, directeur du Laboratoire GEMH, qui m'a fait l'honneur de présider mon jury de thèse et pour l'accueil qu'il m'a réservé au sein du laboratoire depuis mon arrivée. Je lui adresse mes sincères remerciements.

Mes remerciements vont également à Madame Faïza BERGAYA, Directeur de Recherche au CNRS au Centre de Recherche de la Matière Divisée à Orléans et Monsieur Jacques YVON, Professeur à l'université de Nancy, d'avoir accepté de juger ce travail. Qu'ils trouvent ici l'expression de ma sincère gratitude.

Je remercie très chaleureusement Monsieur Jean-Paul LAVAL, qui m'a conseillé et guidé lors des analyses de structure par diffraction de rayon X, ainsi pour sa participation au membre de jury.

Mes vifs remerciements s'adressent également à Monsieur Christian COURTOIS (LMP Laboratoire des Matériaux et Procédés de l'Université de Valenciennes), pour son rôle d'examinateur.

Je tiens à remercier profondément Madame Brigitte BENEU (CEA Saclay), Monsieur Daniel CHATEIGNER (CRISMAT Caen) et Monsieur Guy ANTOU (SPCTS Limoges) pour leurs collaborations respectives, extrêmement enrichissantes.

Je ne saurais oublier de remercier l'ensemble des membres de l'ENSCI, les professeurs, le personnel technique et administratif, pour leur vif dévouement : chacun a toujours mis en avant ses compétences et son enthousiasme pour contribuer de près ou de loin à l'accomplissement de ce travail.

Je remercie spécialement les stagiaires qui ont travaillé sur mon sujet de thèse (Jitka ZIMOVA, Stéphanie GUILLOT et Guillaume DI VITA) et tous mes collègues thésards pour la bonne ambiance qui règne au sein du Laboratoire et leur esprit convivial que j'ai apprécié pendant ces quelques années de thèse.

Je ne pourrai terminer ces remerciements sans y associer ma famille en Algérie, mon cher époux, mes amis de Limoges et d'Alger, et tant d'autres sans le soutien desquels je n'aurai pas achevé ce travail. Qu'ils trouvent ici l'expression de ma plus profonde gratitude, de mon immense reconnaissance pour toutes ces années de soutien sans faille. Je ne pourrai jamais assez les en remercier.

SOMMAIRE

Dédicace / Remerciements

INTRODUCTION GENERALE 16

Chapitre I : De l'argile à la mullite

I. LES ARGILES 24
   I.1. Propriétés et applications 24
   I.2. Structure cristalline des argiles 25
      I.2.1. Maille élémentaire d'un phyllosilicate 25
         I.2.1.1. Dimensions 25
         I.2.1.2. Substitutions 25
      I.2.2. Arrangement bidimensionnel 26
      I.2.3. Types structuraux 27
         I.2.3.1. Le motif **TO** 27
         I.2.3.2. Le motif **TOT** 28
         I.2.3.3. Le motif **TOT O** 28
   I.3. Classification des minéraux argileux 28
   I.4. Interactions physico-chimiques entre l'eau et l'argile 29
   I.5. Les minéraux kaolinite et muscovite 30
      I.5.1. La kaolinite 30
         I.5.1.1. Généralités 30
         I.5.1.2. Structure 31
         I.5.1.3. Morphologie 32
         I.5.1.4. Compositions chimiques et minéralogiques 32
      I.5.2. La muscovite 34
         I.5.2.1. Généralités 34
         I.5.2.2. Principales propriétés physiques et mécaniques 35
         I.5.2.3. Surface de la muscovite clivée à l'air 35
         I.5.2.4. Structure et substitutions 36
         I.5.2.5. Adaptation des couches entre elles 38
         I.5.2.6. Composition chimique et formule structurale 40

II. LA MULLITE : Formation, synthèse et structure 40
   II.1. Généralités 40
   II.2. Formation de la mullite dans le diagramme silice – alumine 41
      II.2.1. Diagramme $SiO_2.Al_2O_3$ 42
   II.3. Structure de la mullite 43
   II.4. Synthèse de la mullite 45

III. REFERENCES BIBLIOGRAPHIQUES 46

Chapitre II : Cinétique des transformations thermiques de la kaolinite et de la muscovite

I. INTRODUCTION *52*
II. RAPPEL SUR LE COMPORTEMENT THERMIQUE DES PHYLLOSILICATES *52*
    II.1. La déshydratation 53
    II.2. La déshydroxylation 53
    II.3. Les recristallisations 54
III. MODELES DE TRANSFORMATION ET LOIS CINETIQUES *55*
    III.1. Lois cinétiques de germination 56
        III.1.1. Germination instantanée 56
        III.1.2. Germination à vitesse constante ou linéaire 57
        III.1.3. Germination d'ordre 1 ou en une seule étape 57
        III.1.4. Germination selon une loi puissance ou en plusieurs étapes 57
    III.2. Lois cinétiques de croissance 58
        III.2.1. Description de la croissance 58
        III.2.2. Expression de la vitesse de croissance 58
        III.2.3. Hypothèse de l'étape limitante de croissance 59
        III.2.4. Choix d'une étape limitant la croissance 60
    III.3. Modèles de transformation 60
    III.4. Approche technique appliquée aux minéraux 62
IV. TECHNIQUES DE CARACTERISATIONS CALORIMETRIQUES ET STRUCTURALES *64*
    IV.1. Analyses Thermiques Différentielles et Thermo-Gravimétriques 65
        IV.1.1. Appareillage 65
        IV.1.2. Préparation des échantillons 66
    IV.2. Analyses de dilatométrie optique 66
    IV.3. La diffraction des rayons X (DRX) 67
V. TRANSFORMATIONS THERMIQUES DE LA KAOLINITE *68*
    V.1. Comportement thermique de la kaolinite 68
        V.1.1. La déshydroxylation (pic endothermique de grande amplitude vers 500°C) 68
        V.1.2. La recristallisation 69
    V.2. Matériaux et procédure expérimentale 70
    V.3. Résultats 72
    V.4. Discussion 75
    V.5. Conclusion 79
VI. DESHYDROXYLATION DE LA MUSCOVITE *80*

VI.1. Comportement thermique de la muscovite 80
VI.2. La déshydroxylation de la muscovite 81
    VI.2.1. Structure de la muscovite déshydroxylée.. 81
    VI.2.2. Mécanismes de déshydroxylation 82
    VI.2.3. Influence de la taille des particules sur la déshydroxylation 82
    VI.2.4. Cinétique de déshydroxylation.. 83
VI.3. Etude expérimentale de la cinétique par thermogravimétrie 85
VI.4. Résultats 85
VI.5. Discussion 91
VI.6. Conclusion 93
VII. REFERENCES BIBLIOGRAPHIQUES *94*

Chapitre III: *Transformations structurales de la muscovite en fonction de la température, par diffraction de rayons X et de neutrons*

I. INTRODUCTION *100*
II. TECHNIQUES ET METHODES *101*
    II.1. Muscovite étudiée 101
    II.2. Diffraction des rayons X et affinements Rietveld 102
        II.2.1. Appareillage... 102
        II.2.2. Analyse des données par la méthode de Rietveld.. 103
    II.3. Diffraction de neutrons 106
        II.3.1. Appareillage... 106
        II.3.2. Diffraction neutronique et affinement de structure par les courbes PDF 107
III. RAPPELS SUR LA STRUCTURE DE LA MUSCOVITE *109*
    III.1. Structure de la muscovite... 109
    III.2. Evolution avec la température.. 109
IV. RESULTATS ET DISCUSSIONS *110*
    IV.1. Affinements par diffraction des rayons X 110
    IV.2. Organisation atomique de la couche octaédrique de la muscovite.................. 118
    IV.3. Affinement par les fonctions de distribution de paires atomiques 120
    IV.4. Orientation des cristaux de mullite sur le réseau haute température de la muscovite 125
V. CONCLUSION *127*
VI. REFERENCES BIBLIOGRAPHIQUES *128*

Chapitre IV : *Frittage et propriétés thermiques des matériaux*

I. INTRODUCTION 132
II. ETUDE DU FRITTAGE 133
   II.1. Matériaux et méthodes 133
   II.2. Mise en forme et frittage 134
      II.2.1. Réalisation de dépôts alternés 134
      II.2.2. Frittage 135
      II.2.3. Fluage en cours de frittage 135
   II.3. Résultats et discussion 138
      II.3.1. Influence de la température 138
         II.3.1.1. Recristallisation et formation de nouvelles phases 138
         II.3.1.2. Evolution de la microstructure 139
         Observations en Microscopie Electronique à Balayage 139
         Taille des cristaux de mullite 141
         Forme des cristaux de mullite 141
            a- Cas du Kaolin sans additif 141
            b- Cas du Kaolin avec Bi_2O_3 142
      II.3.2. Optimisation de la température de frittage 142
         II.3.2.1. Cas du kaolin sans additif 142
         II.3.2.2. Cas du kaolin avec Bi_2O_3 143
   II.4. Analyse de la texture d'un échantillon fritté 144
      II.4.1. Résultats et interprétation 144

III. COMPORTEMENT THERMIQUE DES COMPOSITIONS SILICO-ALUMINATES CONTENANT Bi_2O_3 148
   III.1. Méthodes expérimentales 148
   III.2. Résultats et discussion 149
      III.2.1. Analyses Thermiques Différentielles 149
      III.2.2. Caractérisations structurales par diffraction des rayons X 151
   III.3. Diagramme ternaire du système $SiO_2 - Al_2O_3 - Bi_2O_3$ 156
   III.4. Formation de la mullite dans les composés phyllosilicatés contenant Bi_2O_3 157

IV. CARACTERISATIONS MECANIQUES 158
   IV.1. Caractérisation par flexion 3 points 158
   IV.2. Essai d'indentation Vickers 159
      IV.2.1. Approche théorique 159
      IV.2.2. Choix des paramètres de mesure de la ténacité 161
   IV.3. Résultats et interprétations 163
      IV.3.1. Relation entre microstructure et propriétés mécaniques 163
         IV.3.1.1. Matériaux contenant du kaolin sans ajout 163
         IV.3.1.2. Matériaux contenant du kaolin avec Bi_2O_3 164

 IV.3.2. Rôle de Bi_2O_3 sur la microstructure et les propriétés mécaniques...................... 164
  IV.3.2.1. Rôle de Bi_2O_3 sur la taille des cristaux 164
  IV.3.2.2. Rôle de Bi_2O_3 sur les propriétés mécaniques 166
V. CONCLUSION *166*
VI. REFERENCES BIBLIOGRAPHIQUES *167*

CONCLUSION GENERALE 170

LISTE DES FIGURES ET DES TABLEAUX………………………………………174

Annexe 1 : Titres et résumés des publications 180

Annexe 2 : Diagramme ternaire Al_2O_3-SiO_2-K_2O. 182

INTRODUCTION GENERALE

Après le silex et la pierre taillée, l'argile a été le matériau le plus anciennement utilisé par les hommes pour faire des poteries, des statues et des bâtiments. Aujourd'hui, l'argile reste un des premiers matériaux terrestres faisant partie de nombreuses compositions : briques et tuiles ; carrelages et céramiques industrielles en porcelaine, faïence et terre cuite. On réalise aussi des adsorbants, des filtres, des boues de forage, des ciments et des charges de nombreux produits de l'industrie, de la droguerie et de la pharmacie. Simultanément, l'argile est un composant essentiel des terres agricoles et est donc un composant indispensable à la vie. Malgré ces emplois multiples, les argiles ont résisté longtemps à l'analyse et à la compréhension des hommes et ce sont les outils modernes de la science des matériaux qui ont permis d'en faire progresser la compréhension.

La formation des argiles est inscrite dans le cycle géologique de l'écorce terrestre qui est composée essentiellement de roches silicatées. Quand ces granites, gneiss, schistes et laves océaniques ou continentales diverses sont soumis aux intempéries, ils s'altèrent pour donner des argiles qui sont transportées dans les bassins sédimentaires où elles se déposent, avec ou sans transformations. Enfin, si les sédiments s'enfouissent vers les zones profondes où pression et température s'élèvent, les argiles recristallisent en illites et chlorites par diagenèse, et ensuite en micas, feldspaths et silicates de profondeur. C'est la complexité de l'histoire géologique des phyllosilicates qui en fait la grande diversité de composition chimique, minéralogique, de morphologie et de caractéristiques physico-chimiques. Cette diversité est aussi la source de leurs multiples applications.

Pour connaître la nature, la structure et la classification des phyllosilicates, il fallut attendre les techniques nouvelles d'analyses physiques et chimiques qui sont apparues au XXème siècle. Le mode de classification le plus utilisé fait intervenir le nombre respectif et le mode d'association des couches tétraédriques et octaédriques qui constituent les feuillets.

On répartit ainsi les phyllosilicates en fonction de leur structure et cette classification pourra situer les minéraux utilisés dans ce travail parmi la grande diversité des phyllosilicates.

- Groupe kaolinite-serpentine : Le feuillet élémentaire est simplement l'association d'une couche tétraédrique et d'une couche octaédrique et ce groupe est désigné, dans la nomenclature des minéraux argileux par 1:1. Le plus important des minéraux de ce groupe est la kaolinite $Al_2Si_2O_5(OH)_4$. C'est le minéral essentiel des kaolins et des argiles kaolinitiques, utilisés en céramique et comme charge dans les industries du papier, du caoutchouc ou des peintures.

- Groupes talc-mica-smectite : Le feuillet élémentaire est constitué de deux couches tétraédriques entre lesquelles se trouve la couche octaédrique, d'où leur symbole 2:1. Ces groupes sont subdivisés avec la valeur de la densité de charge de surface des feuillets.

Avec des feuillets neutres, on trouve le talc et la pyrophyllite qui ont de nombreuses applications industrielles : isolants thermiques et électriques, charge dans des matériaux divers comme le papier, le caoutchouc, les savons.

Avec des feuillets possédant une charge négative modérée, on trouve les minéraux apparentés au groupe smectite tel que la montmorillonite, dont la structure inclut des cations facilement échangeables entre les feuillets dont l'épaisseur varie avec l'état d'hydratation. Ces minéraux sont en général très plastiques et servent d'additifs plastifiants dans les pâtes ou structurants dans les suspensions. La taille sub-micronique des particules élémentaires et la nature de leurs propriétés de surface les rend aptes à être utilisées comme charge dans les matériaux composites à matrice polymère, favorisant ainsi l'émergence de propriétés nouvelles. La vermicullite est un minéral bien connu du groupe vermicullite puisque son chauffage rapide au-dessus de 400°C produit des matériaux exfoliés de faible densité, utilisés pour l'isolation thermique et acoustique.

Lorsque les feuillets possèdent une charge négative qui est neutralisée par des ions potassium, on trouve les micas. Ce sont des constituants abondants des roches éruptives, métamorphiques et sédimentaires. La composition chimique des micas est très variable, mais un des principaux micas est la muscovite $K^+Al_2(AlSi_3)O_{10}(OH)_2$*.

---

* F. Bergaya, B.K.G. Theng et G. Lagaly, "Handbook of Clay Science", p6, 2006.

Les micas se caractérisent par leur aspect feuilleté et leur clivage très fin.

Ils peuvent constituer sans transformations notables des matériaux aux usages variés. En particulier, la muscovite broyée sert de pigments dans les peintures ou en surface des polymères pour renforcer leur stabilité sous éclairage intense. D'autre part, les propriétés

électriques de ce minéral sont remarquables, notamment en ce qui concerne la tension de claquage, ce qui justifie son utilisation comme charge dans les polymères d'isolation des câbles électriques. Enfin, la muscovite est présente en grande quantité dans la nature, parfois sous forme de feuillets de grande dimension. Ils ont une structure et des propriétés stables avec la température ce qui les rend intéressants pour de nombreuses applications où la température peut s'élever jusqu'à 800°C.

Cette présentation générale de la classification des phyllosilicates met en évidence deux minéraux communs, la **kaolinite** et la **muscovite**, qui seront principalement utilisés dans ce travail de thèse. Ces minéraux ont des propriétés uniques qui permettent les applications dans les procédés et matériaux, dont les matériaux céramiques. Ainsi les argiles kaolinitiques et les kaolins sont utilisés dans les compositions de céramiques de vaisselle, de sanitaires et de produits réfractaires. La muscovite est aussi utilisée, notamment lorsqu'elle est naturellement associée aux kaolins.

Les usages traditionnels des argiles sont aujourd'hui bien maîtrisés à toutes les étapes des procédés d'extraction, de sélection et de fabrication des céramiques. Néanmoins, si les applications conventionnelles satisfont à leurs domaines d'application, il est utile de chercher à améliorer les propriétés des matériaux issus de compositions de minéraux argileux. En particulier, la résistance mécanique et la fragilité des céramiques issues de matières premières minérales les rendent peu adaptées à leurs utilisations dans certains contextes, notamment lorsqu'on cherche à faire des matériaux de faible épaisseur. Une amélioration peut être trouvée avec la réalisation de matériaux à microstructure organisée, qui de façon similaire aux matériaux composites, voient leurs propriétés améliorées par la complémentarité des propriétés des composants de la microstructure. C'est ce type de matériaux que nous étudierons dans le travail de thèse, en cherchant à valoriser les caractéristiques spécifiques des minéraux kaolinites et muscovites notamment lorsqu'ils sont associés dans des empilements de feuillets. On profite ainsi de la nature particulière des phyllosilicates en alternant les feuillets de kaolinite et de muscovite et en contrôlant les transformations thermiques et structurales. Les matériaux obtenus ont une microstructure organisée formée majoritairement de microcristaux anisotropes de mullite orientés dans le plan des feuillets initiaux. La nature composite des matériaux favorise le renforcement des propriétés mécaniques et élastiques, notamment dans le cas des matériaux de faible épaisseur. Avec ces matériaux, il est possible de corréler les caractéristiques des microstructures avec les propriétés macroscopiques. Les applications potentielles des matériaux minces sont les substrats pour l'électronique et les capteurs. En particulier, les substrats de mullite sont de bons supports pour le dépôt de silicium polycristallin à usage de capteurs solaires. Dans ce cas, les propriétés mécaniques et élastiques des substrats sont déterminantes dans la durée de vie de ces capteurs lorsqu'ils sont soumis à des conditions d'usage difficile.

La science des argiles dans son ensemble est une science multidisciplinaire qui combine notamment la minéralogie, la cristallographie, avec la physique et la chimie des colloïdes ainsi que des surfaces et des interfaces. A ces sciences, nous proposons la contribution de la science des matériaux qui inclut des aspects relatifs aux transformations induites par les hautes températures. L'ensemble de ces problématiques scientifiques, dans toute leur diversité, est nécessaire à la compréhension des matériaux céramiques issus de phyllosilicates. En conséquence, le besoin de lier entre elles plusieurs disciplines différentes apparaîtra dans le document de thèse. Nous avons ainsi successivement étudié les transformations thermiques, structurales et le processus de frittage des matériaux.

Le manuscrit de thèse est organisé en quatre chapitres :

- Le chapitre 1 présente les minéraux utilisés, leurs caractéristiques et leurs origines particulières, ainsi que les raisons qui ont conduit à choisir la kaolinite et la muscovite parmi la grande diversité des minéraux de la nature. Les transformations structurales de ces minéraux conduisent généralement à la formation de la mullite, c'est pourquoi ce minéral sera aussi décrit dans ce chapitre.

- Les techniques expérimentales seront citées au fur et à mesure de leur utilisation dans le manuscrit.

- Le chapitre 2 décrit les transformations thermiques des minéraux dont la spécificité sera mise en évidence. En particulier, nous montrerons que le processus de déshydroxylation des phyllosilicates doit être connu en détail tant du point de vue des phénomènes existants dans le processus global que de la cinétique de chacun de ces phénomènes. Dans ce cas il est possible de maîtriser la cinétique de formation de l'eau et son influence sur les processus associés à la déshydroxylation comme l'exfoliation.

- Le chapitre 3 expose les transformations structurales de la muscovite. Cette étude est nécessaire en raison du rôle de substrat temporaire qui est subi par la muscovite pendant le frittage. Dès lors que la muscovite favorise la croissance organisée de cristaux de mullite à partir de 1000°C, il est indispensable de caractériser ses transformations structurales sous l'effet de la température. Les techniques utilisées sont la diffraction des rayons X et des neutrons.

- Le chapitre 4 décrit les méthodes de réalisation de matériaux composites à microstructure organisée à partir d'assemblages multicouches de kaolinite et de grands feuillets de muscovite. Ce chapitre montre qu'il est possible d'optimiser le processus de frittage de ces composites, pour obtenir des matériaux sous la forme de substrats, tout en s'affranchissant du processus d'exfoliation de la muscovite. Les matériaux obtenus sont de nature micro-composite avec des cristaux aciculaires de mullite. Il est possible de contrôler la longueur des cristaux par le contrôle du processus de frittage ou par l'addition de petites quantités d'un ajout comme l'oxyde de bismuth (Bi_2O_3). Enfin, nous montrons que les propriétés élastiques et mécaniques des substrats sont étroitement corrélées avec les caractéristiques de la microstructure. Une nouvelle contribution est ici apportée aux travaux qui cherchent à corréler la microstructure aux propriétés et ainsi participer à la réalisation de matériaux optimisés en vue d'applications spécifiques.

- Les résultats de travaux ont été publiés et les résumés de ces textes sont présentés en Annexe 1.

CHAPITRE I

De l'argile à la mullite

I. LES ARGILES *24*
   I.1. Propriétés et applications 24
   I.2. Structure cristalline des argiles 25
      I.2.1. Maille élémentaire d'un phyllosilicate 25
         I.2.1.1.   Dimensions 25
         I.2.1.2.   Substitutions 25
      I.2.2. Arrangement bidimensionnel 26
      I.2.3. Types structuraux 27
         I.2.3.1.   Le motif **TO** 27
         I.2.3.2.   Le motif **TOT** 28
         I.2.3.3.   Le motif **TOT O** 28
   I.3. Classification des minéraux argileux 28
   I.4. Interactions physico-chimiques entre l'eau et l'argile 29
   I.5. Les minéraux kaolinite et muscovite 30
      I.5.1. La kaolinite 30
         I.5.1.1.   Généralités 30
         I.5.1.2.   Structure 31
         I.5.1.3.   Morphologie 32
         I.5.1.4.   Compositions chimiques et minéralogiques 32
      I.5.2. La muscovite 34
         I.5.2.1.   Généralités 34
         I.5.2.2.   Principales propriétés physiques et mécaniques 35
         I.5.2.3.   Surface de la muscovite clivée à l'air 35
         I.5.2.4.   Structure et substitutions 36
         I.5.2.5.   Adaptation des couches entre elles 38
         I.5.2.6.   Composition chimique et formule structurale 40
II. LA MULLITE : Formation, synthèse et structure *40*
   II.1. Généralités 40
   II.2. Formation de la mullite dans le diagramme silice – alumine 41
      II.2.1. Diagramme $SiO_2.Al_2O_3$ 42
   II.3. Structure de la mullite 43
   II.4. Synthèse de la mullite 45
III. REFERENCES BIBLIOGRAPHIQUES *46*

I. LES ARGILES

Les argiles sont utilisées par l'homme depuis des millénaires par la plupart des civilisations. Elles sont des matières premières minérales extrêmement abondantes à la surface de la terre. Souvent constituées de minéraux hydratés, les phyllosilicates proviennent généralement de l'altération des feldspaths et des minéraux ferromagnésiens des roches éruptives. Le processus d'altération est principalement régi par un mécanisme chimique sous l'effet de l'eau, des composés solubles de l'eau et de la température. L'utilisation des argiles dans les procédés céramiques nécessite de considérer les transformations thermiques et leurs transformations structurales. La nature et l'étendue des transformations structurales sont fortement conditionnées par la structure de phyllosilicates qui doit être connue avec précision.

L'argile est un constituant des terres grasses et molles en présence d'eau, et qui contiennent des particules fines dont la taille est inférieure à 2μm [1]. La taille des particules d'argile résulte des mécanismes de désintégration physique ou mécanique des roches, et des transformations chimiques. L'argile, matériau naturel qui contient habituellement des phyllosilicates (silicates en feuillets), est plastique à l'état humide et durcit par séchage ou chauffage. Elle peut également renfermer des minéraux qui n'induisent aucune plasticité (le quartz par exemple) et/ou de la matière organique : ce sont les phases associées [2].

I.1. Propriétés et applications

Les diverses applications des argiles sont liées à leurs propriétés spécifiques dont l'adsorption, l'échange d'ions et la nature de leurs surfaces. En France, les quantités d'argile utilisées annuellement par l'industrie sont de l'ordre d'un million de tonnes.

L'argile, par la nature colloïdale de ses particules de silicates, montre en présence d'eau, des propriétés spécifiques qui permettent le façonnage. Après séchage et cuisson, elles forment des matériaux de céramiques silicatés dont les propriétés d'usage sont utiles à notre cadre de vie. Calcinées à haute température avec du calcaire, elles forment des ciments. En association avec des minéraux riches en alumine, elles servent de matériaux réfractaires.

Les propriétés colloïdales des argiles sont largement utilisées dans l'industrie (papeterie, cosmétique, etc.). Les propriétés adsorbantes des argiles jouent un rôle très important dans l'agriculture (adsorption et échanges d'ions minéraux) et l'industrie (décoloration, dégraissage, clarification des eaux, etc.). Les argiles sont aussi exploitées pour leurs propriétés catalytiques : la surface étendue que forme leurs microcristaux favorise les propriétés physico-chimiques de ces surfaces.

Dans le milieu naturel, les argiles favorisent aussi bien la fertilité des sols, la rétention de polluants (pesticides par exemple), la formation de barrières géochimiques pour le stockage des déchets, les propriétés rhéologiques des boues de forage. Les matériaux argileux sont également des traceurs pétro-géochimiques : produits d'altération hydrothermale, indicateurs de diagenèse, propriétés chimiques d'adsorption, etc.) [3, 4].

I.2. Structure cristalline des argiles

I.2.1. Maille élémentaire d'un phyllosilicate

La structure d'un phyllosilicate peut être décrite par la translation dans les trois directions de l'espace d'une unité de volume élémentaire appelée maille cristalline. Celle-ci doit contenir tous les éléments constitutifs du phyllosilicate. Ainsi, la formule représentative de la structure, appelée "formule structurale" peut être établie.

I.2.1.1. Dimensions

La plupart des phyllosilicates possèdent un réseau cristallin orthorhombique, monoclinique ou triclinique [1, 5, 6]. Les valeurs des paramètres a et b de la maille, déduites des analyses par diffraction des rayons X, avoisinent respectivement 5Å et 9Å. Ces valeurs dépendent des éléments occupant les sites octaédriques (coordinence 6) et tétraédriques (coordinence 4). Le paramètre c dépend de la nature du feuillet (~7Å pour les feuillets **TO**, ~9,5Å pour les feuillets **TOT**), ainsi que de la taille des cations de compensation dans les différentes couches lorsqu'il y a des substitutions isomorphiques (substitutions entre éléments de même charge, de même géométrie et de taille comparable) ou diadochiques (substitutions entre éléments dont la charge, la géométrie, la taille ou l'électronégativité ne sont pas les mêmes) [7].

I.2.1.2. Substitutions

Les cavités de la couche tétraédrique d'un feuillet contiennent essentiellement des ions silicium et les cavités de la couche octaédrique des ions aluminium ou magnésium. Cependant de nombreuses substitutions peuvent avoir lieu dans les différentes couches. Les ions silicium sont substitués par des cations trivalents. Les ions aluminium ou magnésium sont substitués par des ions monovalents tri- ou divalents.

Les substitutions introduisent un excès de charges négatives dans le feuillet. Cette charge est compensée par la présence de cations dans l'espace interfoliaire. Les substitutions sont dites isomorphes, car elles se font sans modification de la morphologie du minéral et les dimensions du feuillet restent quasi-inchangées. Une autre source de charge non équilibrée sur les minéraux argileux est la neutralisation incomplète des charges des atomes terminaux aux extrémités des couches, ainsi que des charges de bordure qui apparaissent lors de la rupture d'un cristal. Il existe alors un déséquilibre de charge électrique au voisinage des surfaces. Par conséquent, les particules argileuses auront généralement une charge négative à la surface. La densité de charge, souvent électronégative, est une des caractéristiques fondamentales des argiles. Des cations présents dans le milieu environnant viennent alors se localiser au voisinage du feuillet, en particulier dans l'espace interfoliaire, afin de compenser le déficit de charge. Ces cations ne font pas partie intégrante de la structure en couche et peuvent être remplacés, ou échangés, par d'autres cations présents en solutions et ils jouent un grand rôle sur les propriétés des argiles [8]. Pour mesurer la quantité de charge négative en surplus, la notion de capacité d'échange cationique (CEC) est utilisée, qui est une caractéristique importante dans la classification des argiles et une distinction essentielle par rapport aux milieux granulaires.

I.2.2. Arrangement bidimensionnel

Les minéraux phyllosilicates sont des minéraux lamélaires : leur structure est organisée en plans ioniques successifs. Macroscopiquement, la morphologie des cristaux est sous la forme de plaquettes peu épaisses et idéalement développées dans deux directions de l'espace [9]. Les phyllosilicates sont caractérisés par le fait que la trame silicatée s'étend d'une façon « infinie » dans un plan (001). Ainsi, tous les phyllosilicates se présentent sous la forme de cristaux aplatis et montrent la possibilité d'un clivage (001) [10]. La liaison chimique entre les éléments dans la structure cristalline d'un phyllosilicate est dite ionocovalente, car son énergie de liaison ne correspond pas exactement à une liaison covalente, ionique, hydrogène ou de Van der Waals. Cependant pour des raisons de simplification de la représentation de la structure, elle est considérée comme purement ionique.

La structure peut être représentée comme un assemblage bidimensionnel de deux types de formes géométriques : l'octaèdre et le tétraèdre. L'organisation mutuelle de ces éléments structuraux induit la formation de plans d'ions O^{2-} et OH^- selon deux types d'arrangements :

a) L'arrangement plan hexagonal d'ions O^{2-} (figure I.1.a) ;

b) L'arrangement plan compact d'ions O^{2-} et OH^- (figure I.1.b).

La superposition d'un arrangement plan compact et d'un arrangement plan hexagonal délimite des cavités tétraédriques constituant une couche tétraédrique (figure I.1.a).

La superposition de deux arrangements plan compact forme des cavités octaédriques conduisant à une couche octaédrique (figure I.1.b) [7].

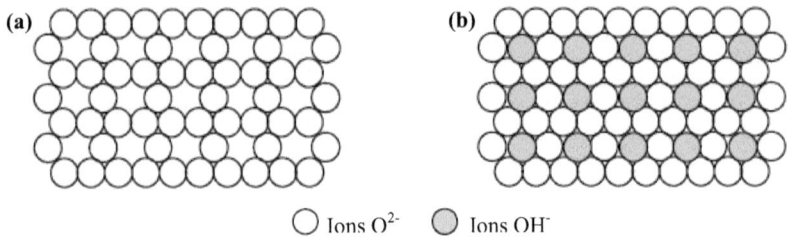

◯ Ions O^{2-} ◯ Ions OH^-

Figure I.1 : (a) Arrangement plan hexagonal d'ions O^{2-} et (b) arrangement plan compact d'ions O^{2-} et OH^-.

I.2.3. Types structuraux

Les phyllosilicates se présentent sous la forme d'empilements de feuillets, eux même composés de différents plans dits octaédriques et tétraédriques. Le plan tétraédrique (**T**) est formé par un réseau de tétraèdres d'oxygène se développant suivant le plan (*ab*), le plan octaédrique (**O**) est parallèle au plan tétraédrique. Il est formé par la mise en commun d'octaèdres d'oxygène et d'hydroxyles (Figure I.2). Les tétraèdres partagent leurs trois oxygènes basaux pour former un réseau pseudo-hexagonal ou plan basal de feuillet. Le quatrième oxygène est orienté vers l'intérieur du feuillet, déterminant également un réseau pseudo-hexagonal. A l'intérieur des cavités de ce second réseau viennent s'insérer des groupements hydroxyles, le plan atomique ainsi formé étant commun à deux couches **T** et **O**. Les arrangements de ces feuillets donnent naissance à trois types de motifs dans lequel M est un cation bivalent ou trivalent [1] :

I.2.3.1. Le motif TO

La couche octaédrique est associée à une seule couche tétraédrique, le feuillet est dit de type 1:1. L'épaisseur du motif est d'environ 7Å. Sa composition est $[M_{4-6}(OH)_2]^{6+}[Si_4O_{10}(OH)_2]^{6-}$, c'est notamment le cas de la kaolinite.

I.2.3.2. Le motif TOT

La couche octaédrique est disposée entre deux couches tétraédriques (Figure I.2), le feuillet est dit de type 2:1. L'épaisseur du motif est d'environ 10Å, comme dans le cas de la muscovite. Sa composition est $[M_{2-3}]^{6+}[Si_4O_{10}(OH)_2]^{6-}$;

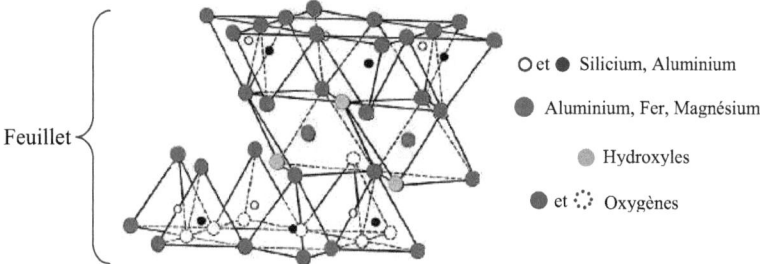

Figure I.2 : Représentation dans l'espace d'un feuillet **TOT** de phyllosilicate 2:1 [11].

I.2.3.3. Le motif TOT O

Une couche octaédrique libre s'associe à un motif **TOT**. L'épaisseur de l'ensemble est d'environ 14Å.

I.3. Classification des minéraux argileux

Les minéraux argileux, dont la composition chimique est d'une grande diversité, peuvent être classés à partir de 3 critères (tableau I.1) :

a) La valeur de la charge interfoliaire par demi maille $[O_{10}(OH)_2]$. Elle est égale au bilan des substitutions isomorphiques dans le feuillet (remplacement de cations de charge différente créant un défaut ou un excès de charge dans le feuillet) ;

b) La subdivision di- ou trioctaédrique ;

c) L'origine de la charge négative en excès (couche **T** et/ou **O**).

Il existe plusieurs types de phyllosilicates, les plus utilisés dans les compositions de matériaux ont soit une structure de type **TO**, soit une structure de type **TOT**. Ainsi, le tableau I.1 présente quelques minéraux argileux appartenant à ces deux types de phyllosilicates.

Tableau I.1 : Classification de minéraux argileux fréquemment utilisés.

Groupe	Charge du feuillet	Nature de la couche octaédrique	Feuillet	Exemples
Kaolin Serpentine	~ 0	Dioctaédrique Trioctaédrique	1:1	*Kaolinite*, nacrite Amesite
Mica	~ 1	Dioctaédrique Trioctaédrique	2:1	*Muscovite*, paragonite Phlogopite, biotite

I.4. Interactions physico-chimiques entre l'eau et l'argile

Quand deux feuillets de kaolinite sont superposés, les O^- présents sur la surface supérieure et les H^+ de la surface inférieure développent entre eux une liaison hydrogène O–H forte, conférant une grande stabilité à un empilement de feuillets vis-à-vis de l'action de l'eau. Typiquement, une particule de kaolinite est constituée de l'empilement de l'ordre d'une centaine de feuillets, avec une épaisseur de l'ordre de 0,7µm. En général, le mélange d'une pâte de kaolinite n'affecte pas l'empilement de ces particules.

Le feuillet de la muscovite est constitué d'une couche octaédrique enserré entre deux couches tétraédriques. Une liaison forte entre les feuillets est favorisée par la présence de cations potassium K^+. Comme la kaolinite, la muscovite est constituée d'un empilement de feuillets relativement stable vis-à-vis de l'eau.

L'affinité entre les argiles et l'eau est provoquée par un déficit de charges électriques dû à des substitutions, notamment dans les couches octaédriques, les atomes Al^{3+} étant substitués par ceux d'un autre métal de valence plus faible. Ces substitutions sont dites isomorphes, car elles se font sans modification de la morphologie du minéral. Le champ électrostatique induit à proximité de la surface des argiles attire les cations dissous dans l'eau interstitielle. La distribution des cations dissous à proximité d'une plaquette argileuse sous l'effet du champ électrique en fonction de la distance a été calculée selon la théorie de la double couche [12, 13] dans le cas des suspensions colloïdales. Cette théorie consiste à appliquer simultanément les équations de Coulomb et de Boltzmann. L'expression, caractérisant « l'épaisseur » de la double couche montre une augmentation avec la permittivité relative et la température du liquide, ainsi qu'avec la diminution de la concentration ionique et de la valence des ions dissous. La théorie de la double couche a été validée essentiellement pour les suspensions colloïdales [14], pour lesquelles elle a permis d'expliquer les phénomènes de floculation et de dispersion de la façon suivante : l'interaction mutuelle entre deux particules est la résultante des forces de Van der Waals et de l'interaction électrostatique entre les deux doubles couches ; quand l'épaisseur de la double couche est faible (faible température et permittivité relative, forte concentration ionique et valence élevée), l'attraction l'emporte, et il y a floculation ; dans le cas contraire, les particules se repoussent, il y a dispersion. Les différences de comportement entre une argile sodique (Na^+) et calcique (Ca^{2+}) peuvent s'expliquer dans ce contexte.

L'affinité eau-argile confère aux molécules d'eau les plus proches un état physique différent de celui de l'eau libre, dans laquelle les molécules sont soumises à un mouvement brownien, résultant macroscopiquement en une pression positive. Les molécules d'eau adsorbée, ou eau liée, sont ordonnées en couches quasi-successives. L'énergie de liaison eau-argile est d'autant plus forte qu'on se rapproche de la surface du minéral.

I.5. Les minéraux kaolinite et muscovite

Les minéraux présentés ici sont la kaolinite et la muscovite, qui sont les minéraux argileux utilisés dans cette étude, il convient donc de les décrire plus particulièrement.

I.5.1. La kaolinite

I.5.1.1. Généralités

La kaolinite qui est le minéral majoritaire du kaolin, est aussi présente dans des environnements variés. En effet, le kaolin est susceptible de se former dans des conditions d'altération poussée comme les sols tropicaux ou milieux hydrothermaux. Il provient généralement de l'altération in-situ des feldspaths de roches granitiques. Les plus grands gisements de kaolins sont d'origine sédimentaire (bassin de Georgie, USA, bassin Amazonien, Brésil, bassin des Charentes, France) [15]. La kaolinite reste fréquemment utilisée et recherchée pour la fabrication des céramiques de grande diffusion mais également des céramiques techniques. De dureté Mohs 2,5, le kaolin est une charge d'emploi fréquent dans les papiers et plastiques. Malgré sa mauvaise dispersion dans les résines, il est utilisé pour les bonnes propriétés électriques et d'écoulement à l'état fondu dans les compositions de polymères. Dans les prémix de polyesters, il contribue à une meilleure résistance chimique et électrique, et diminue l'absorption d'eau. On peut l'ajouter à des taux atteignant 60% dans les compositions à base d'esters polyvinyliques, mais habituellement les poudres à mouler en contiennent de 20 à 45%. Le kaolin calciné est utilisé dans les mélanges pour l'isolation de câbles et dans les isolants. Mélangé à de l'alumine et de la silice, le kaolin calciné est utilisé pour assurer la résistance aux acides.

Le kaolin est blanc mais peut être coloré par les oxyhydroxydes de fer en jaune, orangé rouge (ocres) ou vert [16].

I.5.1.2. Structure

La kaolinite présente une structure de type 1:1, avec une équidistance d'environ 7Å et elle est de type dioctaédrique (un site octaédrique sur trois reste vacant). Les trois sites de la couche octaédrique sont donc remplis par deux cations d'aluminium et le troisième site est lacunaire. La formule structurale varie peu du fait de l'absence de substitutions tétraédriques et de rares substitutions octaédriques : $Si_4Al_4O_{10}(OH)_8$. Les feuillets élémentaires de la kaolinite sont formés de l'empilement d'une couche de tétraèdres de silice et d'une couche d'octaèdres d'hydroxyde d'aluminium (Figure I.3). Les faces basales sont donc de deux types, constituées, soit d'ions oxygène organisés en réseau hexagonal, soit d'OH en assemblage compact. La kaolinite présente un système cristallographique triclinique C1. Les paramètres cristallographiques de la maille d'après l'affinement structural de Bish et Von Dreele [17, 18] sont les suivants :

$$a \approx 5,16\text{Å} \quad b \approx 8,95\text{Å} \quad c \approx 7,41\text{Å}$$
$$\alpha \approx 91,7° \quad \beta \approx 104,9° \quad \gamma \approx 89,9°$$

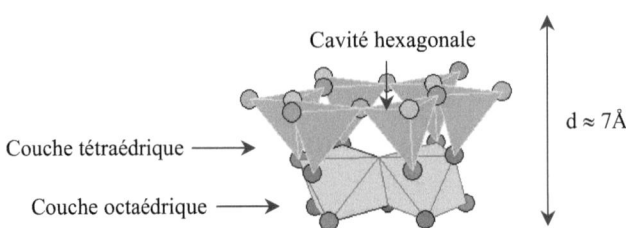

Figure I.3 : Représentation schématique d'un feuillet de kaolinite (1 **T** + 1 **O** + Espace interfoliaire ≈7Å).

Dans la kaolinite, l'ensemble des charges est réparti de telle sorte que le feuillet élémentaire est électriquement neutre. L'espace interfoliaire ne comprend donc pas de cation. Les particules constituant la kaolinite ont leurs feuillets successifs empilés de telle sorte que le plan d'oxygène d'un feuillet se trouve en face de groupements hydroxyle du feuillet voisin. La conséquence d'une telle disposition est la stabilisation du réseau par liaison hydrogène interfeuillet. Il en résulte un clivage (001) très facile, produisant des lamelles inélastiques. A cause de sa structure finement cristallisée, il est difficile de savoir si les variations de composition sont dues à des substitutions ou à des impuretés, il semble cependant que les substitutions soient très limitées : traces de Fe^{2+}, Mg, Fe^{3+}, Na, K et Ti [19].

I.5.1.3. Morphologie

La morphologie des cristaux est généralement assez régulière. Ceux-ci se présentent sous la forme de plaquette hexagonales (figure I.4.a), parfois allongées ou réduites à de simples losanges, délimitées par les faces basales (001) et les faces latérales (110), ($1\bar{1}0$) et (020) (figure I.4.b). Les dimensions des cristaux varient sensiblement, leur diamètre est compris entre 0,04 et 5µm et leur épaisseur entre 10 et 200 nanomètres. Les faces latérales portent des groupes –SiOH ou –AlOH, susceptibles de dissociations amphotériques en fonction du pH du milieu.

Figure I.4 : (a) Morphologie d'une kaolinite très bien cristallisée et (b) représentation d'une plaquette de kaolinite.

Deux kaolins sont utilisés au cours de cette étude pour la préparation des matériaux de mullite, le premier nommé KF et le second Bip (commercialisés par la société Damrec). Leurs morphologies ont été observées à l'aide d'un microscope électronique à balayage (MEB) du type HITACHI-2500. Les images transmises par les électrons secondaires des plaquettes des kaolins KF et Bip, sont présentées sur la figure I.5.

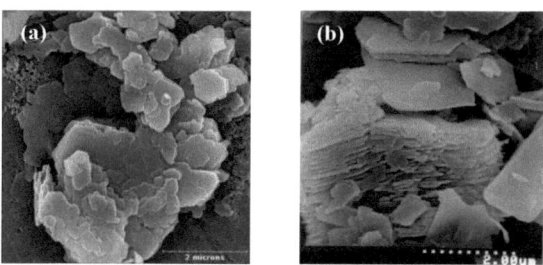

Figure I.5 : Morphologie des plaquettes des kaolins (a) KF et (b) Bip.

I.5.1.4. Compositions chimiques et minéralogiques

La composition chimique des échantillons a été déterminée par spectrométrie d'émission Plasma ICP-AES (*Thermo Jarrel Ash Brand*). Les échantillons à doser, sont préalablement mis en solution, ce qui constitue une étape capitale pour l'obtention de résultats fiables et reproductibles [9]. Le tableau I.2 donne la composition chimique d'une kaolinite idéale correspondant à la formule structurale, du kaolin KF et du kaolin Bip.

Tableau I.2 : Compositions chimiques des kaolins utilisés exprimées en pourcentages massiques d'oxydes.

% en oxydes	SiO_2	Al_2O_3	TiO_2	Fe_2O_3	MgO	CaO	Na_2O	K_2O	Li_2O	H_2O	Total
Kaolinite pure	46,55	39,49	0	0	0	0	0	0	0	13,96	100
Kaolin KF	51,3	34,7	0,11	0,58	0,07	0,03	0,06	0,32	-	12,7	99,87
Kaolin Bip	48,1	36,9	<0,05	0,26	0,17	<0,20	<0,20	1,90	0,27	11,8	99,85

La silice et l'alumine sont les oxydes constitutifs majoritaires dans les kaolins KF et Bip. Les rapports massiques SiO_2/Al_2O_3 sont de 1,48 pour le kaolin KF et 1,3 pour le kaolin Bip au lieu d'environ 1,1 pour les kaolins purs. Cet écart suggère la présence de silice sous forme de quartz ou de phyllosilicates de type 2:1.

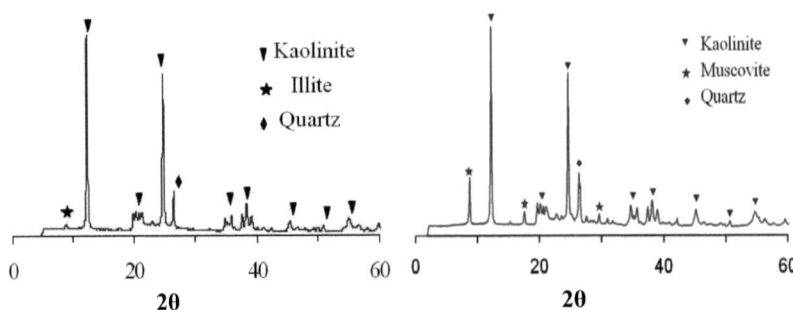

Figure I.6 : Diffractogrammes des kaolins étudiés : **(a)** kaolin KF et **(b)** kaolin Bip.

La figure I.6 présente les diagrammes de diffraction des kaolins KF et Bip. Les pics caractéristiques de la kaolinite (12,40°, 20,38°, 24,96°) sont principalement observés sur les diffractogrammes relatifs aux kaolins. En plus de ces principaux pics attribués à la kaolinite, les pics caractéristiques de l'illite (8,66°) et du quartz (26,27°) sont également observés sur le diffractogramme du kaolin KF, le diffractogramme du kaolin Bip montre la présence de la muscovite (8,89°, 17,83°) et du quartz (26,27°).

Tableau I.3 : Composition minéralogique (% massique) des kaolins KF et Bip.

Minéraux	Kaolinite	Quartz	Anatase	Muscovite	illite
Kaolin KF	84	9	>1	-	6
Kaolin Bip	78	4	-	17	-

La phase principale dans les kaolins KF et Bip est la kaolinite. Les teneurs en kaolinite des échantillons KF et Bip correspondent respectivement à 84% et 78% (tableau I.3).

I.5.2. La muscovite

La muscovite est encore appelée mica potassique, mica blanc ou mica rubis, suivant ses origines. Elle est transparente, translucide blanchâtre lorsqu'elle est pure, mais les impuretés qu'elle contient souvent la colorent en gris ou en violacé. Elle se colore en vert par Cr (fuchsite), en rouge-mauve par Mn (alurgite). Les micas ferro-magnésiens, comme la phlogopite sont brun doré [16].

I.5.2.1. Généralités

La muscovite, qui est l'une des deux espèces les plus utilisées dans l'industrie, est exploitée surtout à partir des gisements de pegmatites potassiques. Associée au quartz et au feldspath, elle se présente sous forme de plaques pouvant constituer parfois de véritables amas. Les gisements les plus intéressants se trouvent aux Indes (régions de Rajputana et de Madras) qui, avec le Brésil, fournissent 70% de la production mondiale, le complément étant assuré principalement par l'Angola, la Tanzanie, l'Argentine, les États-Unis et la Chine. Des gisements d'exploitation difficile se trouvent en Sibérie.

La muscovite est un produit naturel qui présente un ensemble de propriétés électriques, mécaniques, thermiques et de tenue aux agents chimiques assez exceptionnelles qui l'a fait apprécier depuis très longtemps dans l'industrie électrotechnique. Elle est souvent employée comme substrat pour l'étude de phénomènes de surfaces. Ce succès s'explique par le fait qu'un simple clivage à l'air permet d'obtenir une surface relativement plane sur des distances macroscopiques. Elle est ainsi devenue récemment un substrat d'importance pour les études menées par microscopie à force atomique. Sa surface est lisse à l'échelle atomique et son énergie de surface est grande. Par conséquent, elle convient idéalement pour l'étude d'espèces adsorbées telles que les polymères, les protéines ou d'autres macromolécules [20, 21].

I.5.2.2. Principales propriétés physiques et mécaniques

Elles sont répertoriées dans le tableau I.4 [21].

Tableau I.4 : Propriétés physiques principales de la muscovite utilisée en électrotechnique.

Caractéristiques	Unité	Muscovite
Masse volumique	g/cm^3	2,6 à 3,2
Capacité thermique massique	kcal/°C·kg	0,207
Conductivité thermique	W/cm·K	0,0035
Dureté Mohs		2,8 à 3,2
Résistivité volumique	Ω·cm	2×10^{13} à 10^{17}
Rigidité diélectrique à 25 °C	kV/mm	60 à 240
Permittivité à 25 °C		6,5 à 8,7
Facteur de pertes diélectriques (tan δ)	%	0,1 à 0,4
Module d'élasticité	MPa	$17,25 \times 10^4$
Résistance à la traction	N/mm^2	≈ 172
Résistance à la compression	N/mm^2	225

I.5.2.3. Surface de la muscovite clivée à l'air

L'étude chimique de la surface de muscovite clivée à l'air, menée par spectroscopie des électrons Auger, montre que l'impureté principale est le carbone [22]. Cependant, le clivage sous une atmosphère de CO_2, de CO, ou de CH_4 fournit une surface non contaminée. L'hypothèse avancée est qu'un agent liant, probablement H_2O, permet l'adsorption de composés carbonés sur la surface du mica. Un traitement thermique ultérieur entraîne la rupture des liaisons avec les atomes de potassium. Une autre étude chimique, par spectrométrie de masse d'ions secondaires, confirme la contamination de la surface de mica clivée à l'air par des composés carbonés [23]. Il est montré par ailleurs que les impuretés ne sont pas éliminées en chauffant la surface sous ultravide à 400°C et 600°C pendant une heure et demie. Dans ces conditions, la décomposition de la muscovite s'opère vers les 700°C, tandis qu'au-dessus de 450°C de l'eau est libérée par déshydroxylation [24].

Cependant, l'hypothèse que le carbone soit l'adsorbat principal n'est pas confirmée par plusieurs faits expérimentaux. D'une part, son adsorption nécessite un agent liant. D'autre part, l'adsorption d'eau est à l'origine de la baisse de l'énergie de clivage : elle passe de quelques milliers de mJ.m^{-2}, mesurée en ultravide, à environ 500mJ.m^{-2}, mesurée à l'air [25]. Enfin, la condensation de l'eau a été visualisée par SPFM (Scanning Polarisation Force Microscopy) sous la forme d'un film mince bidimensionnel à la surface du mica [26, 27]. Dans une publication ultérieure, les auteurs invoquent les problèmes rencontrés pour obtenir des images d'une surface de mica dans un environnement sec, c'est à dire pour une humidité relative inférieure à 20% [28]. En effet, la surface maintient un potentiel de la charge relativement élevé (supérieur à 10V) pendant des heures. Sous ultravide, l'annulation du champ électrostatique prend plus de 24 heures. Néanmoins, le potentiel de surface dû à cette charge électrostatique se réduit en quelques secondes à une valeur presque nulle (moins de 0,5V) pour une humidité relative supérieure de 20 à 30%. Les auteurs attribuent ce fort potentiel électrostatique en partie à un déséquilibre de charges qui pourrait s'expliquer par une perte en ions potassium ou un partage inéquitable de ces ions entre les deux faces clivées. La décharge électrostatique rapide en milieu humide serait le fait de la mobilité accrue des ions hydratés en surface. Il semble donc que l'adsorbat principal de la surface de mica muscovite soit l'eau.

Toutefois, le clivage à l'air s'accompagne d'une adsorption de composés carbonés. Nos résultats expérimentaux d'analyse thermique différentielle et de diffraction de rayons X montrent la présence de ce qui pourrait être un adsorbat de carbone sur la surface de la muscovite Bihar (voir chapitre II, figure II.9).

I.5.2.4. Structure et substitutions

I.6.2.4.1 Structure

La muscovite est constituée d'un assemblage régulier de feuillets à structure tétraédrique et octaédrique. Elle a une structure **TOT** dans laquelle la couche octaédrique présente une lacune tout les trois sites, les deux autres sites étant occupés chacun par un cation Al^{3+}. La muscovite a une charge de feuillet importante. Cette charge est compensée par une intercalation de cations K^+ dans l'espace interfoliaire (Figure I.7). Les cations interfoliaires sont rattachés à deux feuillets **TOT** consécutifs dont ils compensent les charges négatives. En effet, le feuillet **TOT** de la muscovite présente une charge de feuillet négative due à la substitution de Si^{4+} par Al^{3+} (Fe^{3+} ou Cr^{3+}) dans les tétraèdres. Le taux de substitution varie de 1/4 (1 Al^{3+} et 3 Si^{4+} pour 4 sites tétraédriques) à 1/8. La formule structurale de la muscovite idéale s'écrit donc : $K^+Al_2[Si_3AlO_{10}(OH)_2]$.

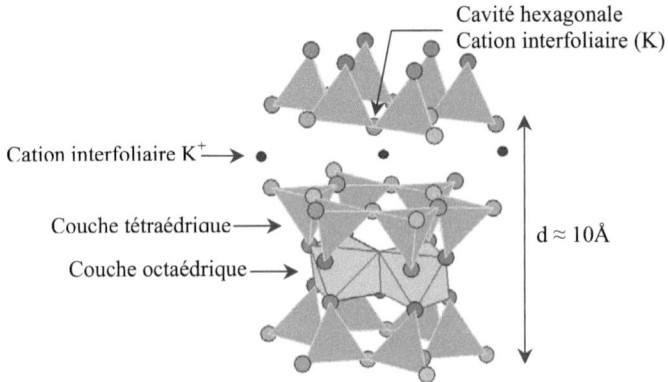

Figure I.7 : Représentation schématique d'un feuillet de muscovite (1T + 1O + 1T + Espace interfoliaire ≈ 10Å).

Chaque atome de potassium est logé dans une grande cavité formée par le vis-à-vis de deux hexagones d'oxygène basaux. La liaison K-O est faible et facilement rompue. De ce fait, la muscovite peut se cliver facilement dans le plan (001) (figure I.8.a et b).

La muscovite idéale cristallise dans un système monoclinique et présente plusieurs polytypes dont le plus stable est le polytype $2M_1$ **[29]**, c'est à dire que deux feuillets sont compris dans une maille. Chaque feuillet présente un plan de symétrie perpendiculaire et faisant un angle de 60° avec le plan de symétrie macroscopique (010) du cristal. Les plans de symétrie de deux feuillets successifs sont respectivement parallèles aux rangées [1$\overline{1}$0] et [110]. Le cristal présente un plan de symétrie avec glissement c. Ainsi, le groupe cristallographique de la muscovite est $C2/c$ et les paramètres cristallographiques sont les suivants **[29, 30]** :

$$a \approx 5,19\text{Å} \quad b \approx 9,00\text{Å} \quad c \approx 20,00\text{Å}$$
$$\alpha = 90° \quad \beta \approx 95,7° \quad \gamma = 90°$$

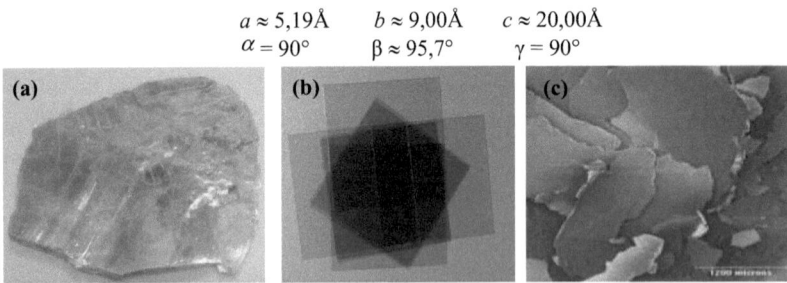

Figure I.8 : **(a)** Bloc de muscovite, strié par le clivage (001) très fin et régulier, **(b)** plaquettes de la muscovite utilisée, parfaitement limpides, de dimensions 5×5cm et **(c)** observation MEB d'une muscovite.

La muscovite étudiée se présente sous la forme de plaquettes, ces dernières sont plus grandes que celles de la kaolinite et peuvent même atteindre une dimension de l'ordre de 15 ×15mm et une épaisseur de 0,25mm (figure 1.8.c). C'est le cas de la muscovite Bihar fournie par le Laboratoire d'Environnement et de Minéralogie (LEM) de l'Université de Nancy. Des grandes feuilles de muscovite (50×50mm) ont été obtenues directement auprès d'un fournisseur de la région du Bihar (Ruby Muscovite V-1 ; www.icrmica.com). Elles ont servi à réaliser des matériaux composites de grande dimension (figure I.8.b).

I.6.2.4.2 Substitutions

En réalité, les sites octaédriques de la muscovite peuvent également être occupés par des ions Mg^{2+}, Fe^{2+}, Li^+, Ti^{4+}, Mn^{2+}, etc. Les déséquilibres de charge qui en résultent sont compensés par des substitutions $Al^{3+} \leftrightarrow Si^{4+}$.

Les cristaux pseudo-hexagonaux limités par (110), (010) et (001) ne sont pas rares ; ils sont parfois de très grande taille et se rencontrent dans les pegmatites (figure I.8.c). L'aspect du clivage (001) est blanc argenté et les lames de clivages minces sont incolores, ce qui les différencient du mica phlogopite. Sur les faces latérales, la couleur est gris brunâtre ce qui rend trompeur l'aspect de certaines muscovites allongées suivant l'axe $\vec{c}$; elles peuvent être également mauve pâle verdâtre, etc. [19, 31].

I.5.2.5. Adaptation des couches entre elles

L'assemblage d'une couche tétraédrique et d'une couche octaédrique est parfait, c'est à dire sans contrainte de déformation, si les paramètres a et b des deux couches ont les mêmes valeurs.

Une couche tétraédrique « libre » possède la symétrie hexagonale. Cependant, sa structure se modifie lors de l'assemblage avec une autre couche tétraédrique par l'intermédiaire des atomes d'aluminium octaédriques. Ceci est dû à la différence de dimensions entre une couche de tétraèdres et une couche d'octaèdres. Il en résulte que le réseau hexagonal des atomes d'oxygène est distordu et qu'il présente une configuration ditrigonale. L'hexagone déformé se compose ainsi de deux triades d'atomes d'oxygène qui ont effectué une rotation d'environ 13° (Δz = 0,21-0,23 Å) autour d'un axe sensiblement normal au feuillet [32] (figure I.9).

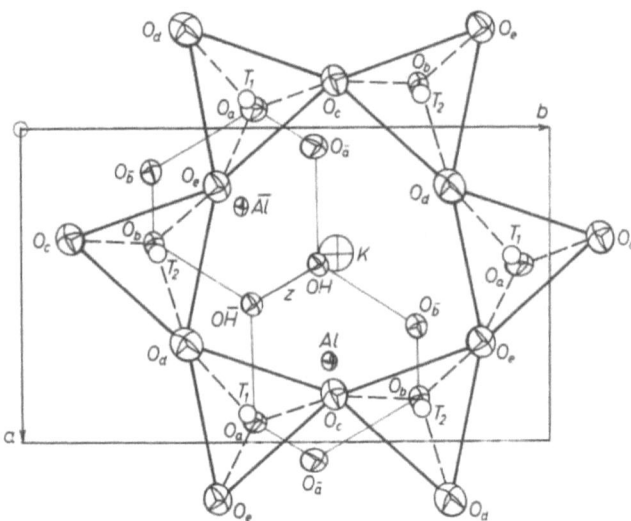

Figure I.9 : Structure de la partie supérieure de la première couche de la muscovite $2M_1$ avec la représentation des agitations thermiques anisotropiques ellipsoïdales de chaque atome [33]. Rotation de la couche tétraédrique supérieure d'un angle de 11,4° par rapport à la couche inférieure autour de (z) [29].

Une substitution tétraédrique et/ou octaédrique progressive entraîne une variation plus ou moins continue des dimensions des couches et donc des paramètres $b_{tétraèdre}$ et $b_{octaèdre}$. L'assemblage des couches nécessite donc souvent une adaptation du paramètre b. Or, ce paramètre est inférieur à celui d'une couche tétraédrique (Si ; $b = 9,15$ Å) à caractère dioctaédrique.

L'adaptation de la couche tétraédrique à la couche octaédrique donne lieu à une contrainte dans les deux couches du feuillet. Lorsque le paramètre b de la couche octaédrique est inférieur à celui de la couche tétraédrique, la réduction du paramètre b de cette dernière se fait par rotation des tétraèdres. Dans le cas contraire, l'adaptation donne lieu à une distorsion des deux couches du feuillet.

Quant au remplacement isomorphe de l'atome de silicium par un atome d'aluminium dans un site tétraédrique, il n'entraîne pas une modification notable de la longueur des liaisons avec les atomes d'oxygène.

I.5.2.6. Composition chimique et formule structurale

Le tableau I.5 regroupe les résultats de l'analyse chimique par ICP-AES de la muscovite Bihar en pourcentage et la composition chimique d'une muscovite pure.

Tableau I.5 : Compositions chimiques de la muscovite pure et de la muscovite Bihar (Inde) exprimées en pourcentages massiques.

% en oxydes	Muscovite idéale	Muscovite Bihar	cation pour 11 oxygène
SiO_2	45,21	46,91	$\left.\begin{array}{c} 3,12 \\ {}^{IV}0,88 \end{array}\right\}\ {}^{IV}4,00$
Al_2O_3	38,36	34,65	
			$\left.\begin{array}{c} {}^{VI}1,84 \\ 0,09 \\ 0,02 \\ 0,02 \end{array}\right\}\ {}^{VI}1,97$
FeO	-	1,72	
MgO	-	0,02	
TiO_2	-	0,32	
Na_2O	-	0,56	$\left.\begin{array}{c} 0,11 \\ 0,93 \end{array}\right\}\ {}^{XII}1,04$
K_2O	11,81	11,05	
H_2O	4,5	4,6	
Total	100	99,9	

La formule structurale de la muscovite Bihar est calculée à partir des résultats chimiques ICP, et en tenant compte de 11 atomes d'oxygène :

$$(K_{0,93}Na_{0,11})(Al_{1,84}Fe_{0,09}Mg_{0,02}Ti_{0,02})(Si_{3,12}Al_{0,88})O_{10}(OH)_2.$$

II. LA MULLITE : Formation, synthèse et structure

II.1. Généralités

Les phases créées dans les systèmes binaires silico-aluminates et silico-aluminates hydratés ont un rôle important sur les propriétés des céramiques de grande diffusion, mais aussi de certaines céramiques techniques et réfractaires. D'une part, les silico-aluminates hydratés sont les différents types d'argile couramment utilisés dans les compositions en raison de leurs propriétés spécifiques, et notamment la plasticité, lors de la mise en forme des céramiques [34]. D'autre part, le groupe des silico-aluminates anhydres contient les minéraux silimanite, cyanite et andalousite ($SiO_2.Al_2O_3$) ainsi que le minéral mullite ($2SiO_2.3Al_2O_3$), qui est la seule phase stable à la pression atmosphérique. La mullite est bien connue pour son importance dans les matériaux réfractaires et dans les matériaux composites dès lors qu'elle possède de très bonnes propriétés thermomécaniques [35, 36, 37], et notamment un fluage limité et une bonne résistance aux chocs thermiques. La mullite est aussi utilisée comme substrat dans les circuits hybrides multicouches [38] et montre des propriétés optiques intéressantes dans l'infrarouge moyen [38, 39].

Bien que la mullite soit fréquemment présente dans les céramiques industrielles, son existence en tant que phase cristalline n'a été formellement reconnue que relativement récemment par Bowen en 1924 [39]. Cette découverte tardive est due en partie à la rareté du minéral mullite dans la nature et au fait que les similarités structurales de la mullite avec la silimanite ont longtemps entretenu leur ressemblance [40]. L'appellation mullite vient du nom de l'île de Mull au nord de l'Ecosse où il est possible de trouver des dépôts naturels du minéral, formé par le contact d'argiles avec un magma volcanique à haute température [41].

Depuis la première reconnaissance de la mullite, un très grand nombre de recherches ont été menées aussi bien pour les applications dans les matériaux de grande diffusion, que pour les applications dans les matériaux réfractaires et les céramiques techniques. D'autres développements ont aussi été poursuivis en vue d'applications intéressantes en relation avec les propriétés optiques et électroniques des céramiques de mullite. Néanmoins, les caractéristiques très spécifiques de la mullite laissent encore la place à de nombreux développements possibles, comme cela sera montré dans ce travail de thèse. La figure I.10 illustre l'intérêt continuel porté à ce matériau.

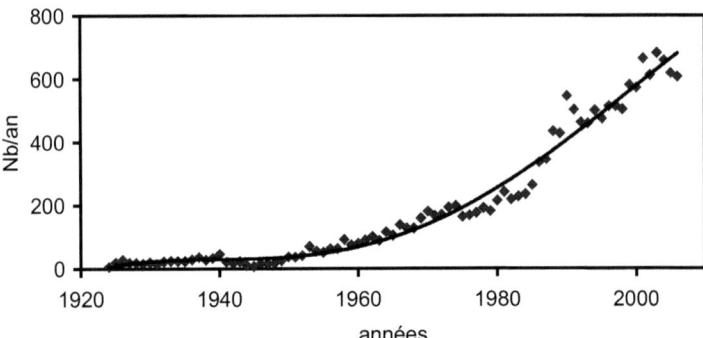

Figure I.10 : Fréquence annuelle de publications faisant référence à la mullite dans les mots clés (Source Caplus- Medline).

II.2. Formation de la mullite dans le diagramme silice – alumine

La formation de la mullite dans le système $SiO_2.Al_2O_3$ peut être discutée en considérant les deux processus suivants :

- La fusion de la mullite ;
- L'étendue de la zone de solution solide de la mullite.

Ces deux processus sont importants dès lors que l'on souhaite réaliser des matériaux de mullite. Le premier est associé à la cinétique de cristallisation de la mullite à partir d'un composé silico-aluminate fondu. Le second processus implique de connaître la structure cristalline de la mullite dans le large intervalle de stœchiométrie possible.

II.2.1. Diagramme $SiO_2.Al_2O_3$

Un exemple typique et relativement récent de diagramme binaire $SiO_2.Al_2O_3$ est présenté en figure I.11 [42]. Actuellement, la littérature répertorie 16 versions de ce système binaire, qui ont été publiées entre 1958 et 1993.

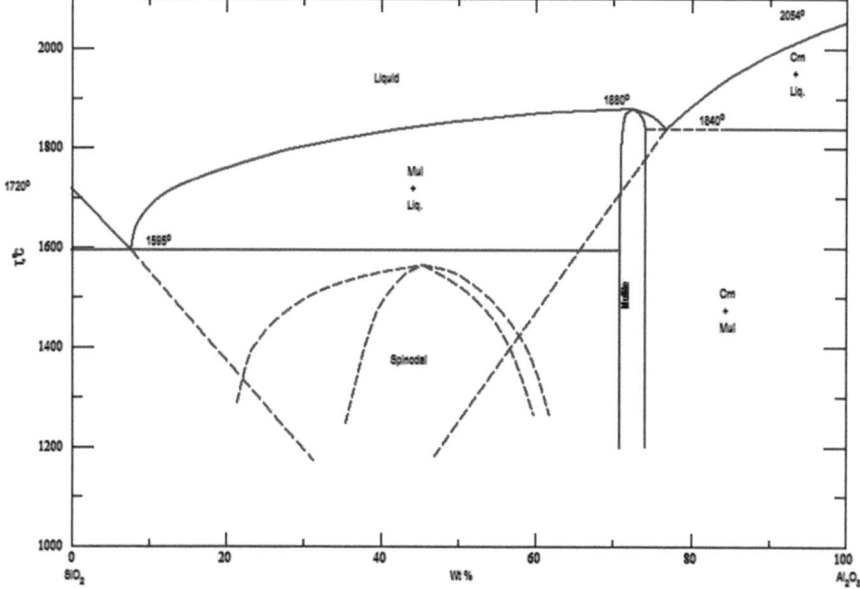

Figure I.11 : Système binaire SiO_2-Al_2O_3. La ligne continue représente l'état d'équilibre de la mullite. La ligne discontinue délimite la zone de métastabilité et montre la possibilité d'existence d'un liquide au-dessous de la température eutectique.

Le point commun de ces versions publiées est l'existence d'une large zone de fusion incongruente de la mullite. La différence principale réside dans la position et la composition du point péritectique et dans l'étendue de la zone de solution solide. Simultanément, l'étendue de la zone de métastabilité de certaines versions peut atteindre les zones de stabilité d'autres versions du diagramme. L'analyse de ces différences montre qu'elles sont surtout liées aux méthodes utilisées pour établir les points des diagrammes, étant donné que ces expérimentations sont particulièrement difficiles à haute température. En général, ces diagrammes ont été réalisés à partir de l'observation de la microstructure d'échantillons cuits et trempés, mais des différences dans les processus de réalisation des mélanges et dans l'interprétation des comportements thermiques conduisent à des variations significatives de résultats.

II.3. Structure de la mullite

La structure cristalline de la mullite $2SiO_2.3Al_2O_3$ est une évolution de celle de la sillimanite de formule $SiO_2.Al_2O_3$. La stœchiométrie de la mullite est obtenue par la substitution de certains ions Si^{4+} par des ions Al^{3+} dans la plupart des sites tétraédriques, par la réaction :

$$2Si^{4+} + O^{2-} = 2Al^{3+} + V_0$$

Avec V_0 : Lacunes d'oxygène

La structure est orthorhombique (figure I.12) et la stœchiométrie évolue largement dans l'intervalle $3Al_2O_3.2SiO_2$ (3/2) à $3Al_2O_3.SiO_2$ (3/1). Le changement de stœchiométrie est obtenu par le départ d'un atome d'oxygène de la position O(3), qui lie deux unités tétraédriques. Simultanément, on observe le réajustement de la position des cations entre les sites T et T* (figure I.12). Les unités structurales $(AlO)_6$ sont alignées en colonnes le long de l'axe $\vec{c}$ de la structure. Ces colonnes partagent les sommets et occupent les centres des unités orthorhombiques. Leur position ne change pas quand la stœchiométrie évolue. A partir des informations sur la structure et ses changements, on peut écrire la formule générale de la mullite :

$$Al_2^{VI}(Al_{2+2x}^{IV}Si_{2-2x})O_{10-x}$$

dans laquelle x est le nombre de lacunes d'oxygène et VI et IV sont les coordinences des cations Al et Si. x varie continûment entre 0,17 et 0,6, simultanément avec la distribution de lacunes d'oxygène (V_0) sur les sites O(3). Pour x=0,25, la composition devient $3Al_2O_3.2SiO_2$ (groupe d'espace Pbam, a=7,54Å, b=7,68Å et c=2,885Å).

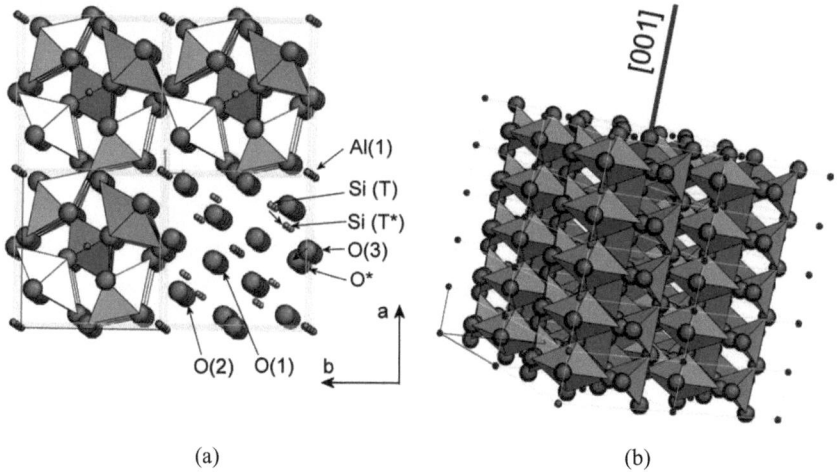

Figure I.12 : (a) Structure de la mullite en projection dans le plan $(a\ b)$ et (b) en représentation 3D où les assemblages d'unités AlO_6 (en violet) suivant l'axe $\vec{c}$ sont clairement visibles.

La mullite peut se présenter sous des formes métastables dues à l'arrangement des lacunes d'oxygène [33, 35, 38, 39]. La réorganisation structurale à partir de ces formes métastables a été étudiée par diffraction de rayons X et d'électrons. L'examen des franges plus ou moins diffuses et des réflexions supplémentaires montre l'existence de formes intermédiaires S-mullite ou D-mullite [43]. Dans le cas de mullites obtenues à partir du refroidissement d'un liquide, la teneur en alumine peut atteindre 76% mole [44, 45]. Pour accommoder les structures des différentes formes intermédiaires, l'arrangement structural de ces mullites est généralement maclé, avec une dimension de macle de l'ordre du nanomètre [46]. La stœchiométrie des mullites ainsi obtenues varie largement avec un rapport alumine/silice = 1 à 3,17.

La forme la plus stable est la mullite 3/2, qui est obtenue à l'interface de la silice et de l'alumine. Cette forme de mullite est relativement ordonnée et ne présente pas de macles. Les lacunes d'oxygène sont alignées le long des alignements O(3) [47]. Simultanément, au moins 50% des déplacements de cations se font entre les sites T et T*. Ces déplacements favorisent la création de lacunes d'oxygène qui sont distribuées de façon aléatoire.

En général, les mullites obtenues par synthèse de poudres ou par fusion sont le résultat de la coexistence de formes métastables et de formes stables. Dès lors que la distribution des lacunes d'oxygène modifie le type d'arrangement structural, il en découle que les conditions de traitement thermiques, ainsi que les cinétiques de formation et les aspects thermodynamiques devraient être très influents sur la formation de formes spécifiques de mullite.

II.4. Synthèse de la mullite

La voie la plus commune de synthèse de la mullite est la réaction des oxydes silice et alumine à haute température (>1600°C). La nucléation et le grossissement des cristaux se fait par la diffusion du silicium et de l'aluminium aux interfaces des grains. La cinétique de ces phénomènes diminue rapidement avec le temps et les composés sont souvent hétérogènes avec une teneur significative en phase liquide.

La séquence de réaction qui conduit à la formation de la mullite peut aussi être obtenue par des interactions à l'échelle moléculaire ou à l'échelle des colloïdes. Ces réactions sont très similaires à celles observées avec des minéraux argileux [48, 49, 50, 51, 52]. Quand le degré d'homogénéité est à l'échelle moléculaire, c'est à dire dans les gels monophasés, la mullite est formée à une température voisine de 980°C par une réaction unique et très exothermique. Ce type de réaction est aussi observé dans les dépôts chimiques en phase vapeur (CVD) et dans la plupart des composés homogènes obtenus par voies chimiques.

A l'opposé, lorsque le degré d'hétérogénéité du mélange est à l'échelle d'une macromolécule (~1nm), ce qui est le cas des composés diphasés, la mullite est obtenue à plus haute température via une phase transitoire d'alumine de transition. Cette séquence de réaction est mise en évidence par la présence de deux phénomènes exothermiques, vers 980°C, et vers 1200°C. La formation de la mullite n'est pas une réaction d'interface mais l'effet de l'enrichissement en aluminium du matériau jusqu'à un taux suffisant pour initier la recristallisation et ensuite le grossissement des cristallites.

Le cas du minéral kaolinite a été particulièrement étudié. La transformation thermique de ce minéral est très similaire à celle d'un gel biphasé. Typiquement, une phase d'alumine γ de type spinelle apparaît à ~980°C. A plus haute température, la mullite recristallise progressivement et montre un second phénomène exothermique à ~1200°C. Cette séquence de réaction en 2 temps est due à ce que la kaolinite a une structure en couches alternées siliceux et alumineux. Ce degré d'homogénéité n'est pas suffisant pour éviter la ségrégation de domaines séparés riches en alumine et en silice, simultanément au processus de recristallisation.

En utilisant les voies diverses de synthèse, de nombreux types de mullites ont été créés pour des applications variées. Ces applications valorisent les propriétés essentielles de la mullite qui sont la grande réfractarité et un faible coefficient de dilatation. Simultanément, la mullite est un bon matériau diélectrique et présente de bonnes propriétés optiques dans l'infrarouge. Ce matériau est donc un bon candidat pour réaliser des produits réfractaires pour une large gamme d'applications, des substrats et des produits pour le packaging de circuits électroniques et pour les applications dans les composants optiques. De façon générale, les propriétés de la mullite peuvent être modulées par l'ajustement des caractéristiques structurales, qui sont rendues possibles par l'existence d'un large domaine de stœchiométrie et par la possibilité de nombreuses substitutions par des cations di- ou trivalents.

III. REFERENCES BIBLIOGRAPHIQUES

[1] F. Bergaya, B.K.G. Theng et G. Lagaly, "Handbook of Clay Science", 2006.

[2] AIPEA (Association Internationale Pour l'Etude des Argiles), Newsletter n°32, February 1996.

[3] F. Muller, "Mémoire présenté en vue de l'obtention de l'Habilation à Diriger des Recherches", Université d'Orléans, 2004.

[4] M. Rautureau, S. Caillère et S. Hénin, "Les argiles", édition Septima, 2004.

[5] S. Caillère, S. Henin et M. Rautureau, "Minéralogie des argiles : Structure et propriétés physico-chimiques (Tome 1) ", Ed. Masson, p. 182, 1982.

[6] A. Decarreau, "Matériaux argileux : structure, propriétés et applications", (ouvrage collectif), Société Française de Minéralogie et Cristallographie, Decarreau A. ed., p. 586, 1990.

[7] M. Reinholdt, "Synthèse en milieu fluoré et caractérisation de phyllosilicates de type montmorillonite. Etude structurale par spectroscopies d'absorption des rayons X et de résonance magnétique nucléaire", Thèse de Doctorat de l'Université de haute Alsace, 2001.

[8] N. Saiyouri, "Approche microstructurale et modélisation des transferts d'eau et du gonflement dans les argiles non saturées", thèse de doctorat, école centrale de Paris, p. 228, 1996.

[9] K.L. Konan, "Interactions entre des matériaux argileux et un milieu basique riche en calcium", Thèse de doctorat N°32, Université de Limoges, 2006.

[10] A. Baldeyrou-Bailly, "Etude expérimentale et modélisation de la stabilité des phyllo-silicates soumis à un fort gradient thermique. Test dans les contextes du site géothermique de Soultz-sous-Forêt ", Thèse de doctorat de l'Université Louis Pasteur de Strasbourg, 2003.

[11] R.E. Grim , Applied Clay Mineralogy. Ed. Mc Graw-Hill, New York, Book Company USA, p. 442, 1962.

[12] G. Gouy, "Sur la constitution de la charge électrique à la surface d'un électrolyte", An. Physique, Paris, Vol.9, 457-468, 1990.

[13] D.L. Chapman, "A contribution to the theory of electrocapillarity", Philosophical Magazine, Vol. 25, n° 6, 475-481, 1913.

[14] H. Van Olphen, "An introduction to clay colloid chemistry", 2nd Ed, John Wiley and Sons, Inc, New York, 1977.

[15] C. Bich, "Contribution à l'Etude de l'activation thermique du kaolin : évolution de la structure cristallographique et activité pouzzolanique", Thèse de Doctorat de l'Université de Lyon, 2005.

[16] A. Baronnet, "Minéralogie", édition Dunod, Collection géosciences, 161-166, 1988.

[17] D.L. Bish et R. Von Dreele, "Rietveld refinement of non hydrogen atomic positions in kaolinite", Clays and Clay Minerals, 289-296, Vol. 37, 1989.

[18] M. Sayed Hassan, "Etude des hétérogénéités morphologiques et énergétiques superficielles des kaolinites par AFM et adsorption de gaz ", Thèse de doctorat de l'institut national polytechnique de Lorraine, 2005.

[19] P. Bariand, F. Cesbron et J. Geffroy, "Les minéraux : leurs gisements, leurs associations", Minéraux et Fossiles, p. 77-78 et 123, 1977.

[20] S. Dorel, "Nanostructuration de la muscovite : Une étude par diffraction d'électrons lents en mode oscillant ", Thèse de Doctorat de l'Université de Paris-Sud Centre d'Orsay, 2000.

[21] A. Anton et J-L. Steinle, "Mica et produits micacés", Techniques de l'ingénieur, D2360.

[22] H. Poppa et A.G. Elliot, Surf. Sci., "Removal of the air-adsorbed contaminants", 24, 149-163, 1971.

[23] M.G. Dowsett, R.M. King et E.H.C. Parker, "Evaluation of impurity and contamination levels on mica surfaces using SSIMS", J. Vac. Sci. Technol. 14, 711-717, 1977.

[24] H. Poppa et E.H. Lee, "The change of surface properties of mica after cleavage (outgassing and decoration studies)", Thin Solid Films 32, 223-228, 1976.

[25] H.K. Christenson, "Adhesion and surface energy of mica in air and water", J. Phys. Chem. 97, 12034-12041, 1993.

[26] J. Hu, X.-D. Xiao, D.F. Ogletree et M. Salmeron, "Atomic scale friction and wear of mica", Surf. Sci. 327, 358-370, 1995.

[27] J. Hu, X.-D. Xiao, D.F.Ogletree et M. Salmeron, "Imaging the condensation and evaporation of molecularly thin film of water with nanometer resolution", Science 268, 267-269, 1995.

[28] L. Xu, A. Lio, J. Hu, D.F.Ogletree et M. Salmeron, "Wetting and Capillary Phenomena of Water on Mica", J. Phys. Chem., B102 , 540-548, 1998.

[29] G.W. Brindley et G.Brown, "Crystal structures of clay minerals and their X-ray identification", Mineralogical Society, 1980.

[30] H.S. Yoger et H.P. Eugster, "Synthetic and natural muscovites", Geochimica et Cosmochimica Acta 8, 225-280, 1955.

[31] M. Roubault, J. Fabries, J. Touret et A. Weisbrod, "Détermination des minéraux des roches au microscope polarisant", éditions Lamarre-Poinat, Paris-6e, p. 154, 1963.

[32] E.W. Radoslovich, "The structure of muscovite, $Al_2(Si_3Al)O_{10}(OH)_2$", Acta Cryst. 13, 919-932, 1960.

[33] N. Güven, "The crystal structures of $2M_1$ phengite and $2M_1$ muscovite", Z. Kristallgr. Kristallgeom 134, 196-212, 1971.

[34] F.H. Norton, "Fine Ceramics, Technology, and Applications", p. 1-91. McGraw-Hill, New York, 1970.

[35] P.F. Becher, "Microstructural Design of Toughened Ceramics", J. Am. Ceram. Soc. 74 [2], 255-69, 1991.

[36] S. Somiya et Y. Hirata, "Mullite Powder Technology and Applications in Japan", Am. Ceram. Soc. Bull. 70 [10], 1624-32, 1991.

[37] R.D. Nixon, S. Chevacharoenkul, R.F. Davis et T.N. Tiegs, "Creep of Hot-Pressed SiC-Whisker-Reinforced Mullite", p. 579-603 in Ceramic Transactions, Vol. 6, Mullite and Mullite Matrix Composites. Edited by S. Somiya, R.F. Davis et J. A. Pask. Am. Ceram. Soc., Westerville, OH, 1990.

[38] S. Prochazka et F.J. Klug, "Infrared-Transparent Mullite Ceramic", J. Am. Ceram. Soc. 66 [12], 874-80, 1983.

[39] L. Bowen et J.W. Greig, "The System: Al_2O_3-SiO_2", J. Am. Ceram. Soc. 7 [4], 238-54, ibid., p. 410, 1924.

[40] E.S. Shepard, G. A. Rankin et W. Wright, "The Binary Systems of Alumina and Silica, Lime and Magnesia", Am. J. Sci. 28 [166], 293-333, 1909.

[41] N.L. Bowen, J.W. Greig et E.G. Zies, "Mullite, a Silicate of Alumina", J. Wash. Acad. Sci. 14 [9], 183-91, 1924.

[42] W. Weisweiler, "Quantitative Erfassung des Phasenwachstums in oxidischen Stoffsystemen mit Hilfe der Elektronenstrahl-Mikrobereichsanalyse, Teil III: Reaktionen im System SiO_2-Al_2O_3 bei Subsolidbustemperaturen", Sprechsaal, 114 [6], 450-454, 1981.

[43] S.O. Agrell et J.V Smith, "Cell Dimensions, Solid Solution, Polymorphism, and Identification of Mullite and Sillimanite", J. Am. Ceram. Soc. 43 [2], 69-76, 1960.

[44] A. Aksay, et J.A. Pask, "Stable and Metastable Equilibria in the System Al_2O_3-SiO_2", J. Am. Ceram. Soc. 58 [11-12], 507-12, 1975.

[45] W.M. Kriven et J.A. Pask, "Solid-Solution Range and Microstructure of Melt-Grown Mullite", J. Am. Ceram. Soc. 66 [9], 649-54, 1983.

[46] Y. Nakajima et P. H. Ribbe, "Twinning and Superstructure of Al-Rich Mullite", Am. Mineral. 66, 142-47, 1981.

[47] T. Epicier, M.A. O'Keefe et G. Thomas, "Atomic Imaging of 3:2 Mullite", Acta Crystallogr., Sect. A: Cryst. Phys., Diffr., Theor. Gen. Crystallogr. 46, 948-62, 1990.

[48] G.W. Brindley et M. Nakahira, "The Kaolinite-Mullite Reaction Series: II", J. Am. Ceram. Soc. 42 [7], 311-24, 1959.

[49] K. Okada et N. Otsuka, "Formation Process of Mullite", p. 375-87 in Ceramic Transactions, Vol. 6, Mullite and Mullite Matrix Composites. Edited by S. Somiya, R.F. Davis et J.A. Pask. American Ceramic Society Westerville, OH, 1990.

[50] K. Okada et N. Otsuka, "Characterization of the Spinel Phase from Al_2O_3-SiO_2 Xerogels and the Formation Process of Mullite", J. Am. Ceram. Soc. 69 [9], 652-56, 1986.

[51] SB. Sonuparlak, M. Sarilkaya et I. A. Aksay "Spinel Phase Formation at the 980°C Exothermic Reaction in the Kaolinite to Mullite Reaction Series", J. Am. Ceram. Soc. 70 [11], 837-42, 1987.

[52] J.A. Pask et A. P. Tomsia, "Formation of Mullite From Sol-Gel and Kaolinite", J. Am. Ceram. Soc. 74 [10], 2367-73, 1991.

CHAPITRE II

Cinétique des transformations thermiques de la kaolinite et de la muscovite

I. INTRODUCTION *52*
II. RAPPEL SUR LE COMPORTEMENT THERMIQUE DES PHYLLOSILICATES *52*
    II.1. La déshydratation **53**
    II.2. La déshydroxylation **53**
    II.3. Les recristallisations **54**
III. MODELES DE TRANSFORMATION ET LOIS CINETIQUES *55*
    III.1. Lois cinétiques de germination **56**
        III.1.1. Germination instantanée 56
        III.1.2. Germination à vitesse constante ou linéaire 57
        III.1.3. Germination d'ordre 1 ou en une seule étape 57
        III.1.4. Germination selon une loi puissance ou en plusieurs étapes 57
    III.2. Lois cinétiques de croissance **58**
        III.2.1. Description de la croissance 58
        III.2.2. Expression de la vitesse de croissance 58
        III.2.3. Hypothèse de l'étape limitante de croissance 59
        III.2.4. Choix d'une étape limitant la croissance 60
    III.3. Modèles de transformation **60**
    III.4. Approche technique appliquée aux minéraux **62**
IV. TECHNIQUES DE CARACTERISATIONS CALORIMETRIQUES ET STRUCTURALES
.... *64*
    IV.1. Analyses Thermiques Différentielles et Thermo-Gravimétriques **65**
        IV.1.1. Appareillage 65
        IV.1.2. Préparation des échantillons 66
    IV.2. Analyses de dilatométrie optique **66**
    IV.3. La diffraction des rayons X (DRX) **67**
V. TRANSFORMATIONS THERMIQUES DE LA KAOLINITE *68*
    V.1. Comportement thermique de la kaolinite **68**
        V.1.1. La déshydroxylation (pic endothermique de grande amplitude vers 500°C) 68
        V.1.2. La recristallisation 69
    V.2. Matériaux et procédure expérimentale **70**
    V.3. Résultats **72**
    V.4. Discussion **75**

V.5. Conclusion 79
VI. DESHYDROXYLATION DE LA MUSCOVITE *80*
    VI.1. Comportement thermique de la muscovite 80
    VI.2. La déshydroxylation de la muscovite 81
        VI.2.1. Structure de la muscovite déshydroxylée 81
        VI.2.2. Mécanismes de déshydroxylation 82
        VI.2.3. Influence de la taille des particules sur la déshydroxylation 82
        VI.2.4. Cinétique de déshydroxylation 83
    VI.3. Etude expérimentale de la cinétique par thermogravimétrie 85
    VI.4. Résultats 85
    VI.5. Discussion 91
    VI.6. Conclusion 93
VII. REFERENCES BIBLIOGRAPHIQUES *94*

I. INTRODUCTION

Sous l'effet de la température, tous les phyllosilicates subissent des transformations physico-chimiques et structurales. Un grand nombre d'auteurs ont étudié ces transformations et les ont corrélées à la nature des phases minérales et aux mécanismes de transformations. Les argiles subissent deux transformations majeures qui sont la déshydroxylation (400 et 750°C) et la réorganisation structurale (au-delà de 900°C). Le matériau final est donc très différent de la matière première de départ. Les techniques utilisées pour l'étude de ces deux transformations importantes sont diverses, mais complémentaires et permettent de détailler les différents mécanismes impliqués dans les transformations thermiques. Les principales techniques d'analyses thermiques sont :

a) L'analyse thermique différentielle (ATD) ou calorimétrie différentielle (DSC) ;

b) L'analyse thermogravimétrique (TG) ;

c) L'analyse dilatométrique (TMA : Thermo Mechanical Analysis).

Les techniques expérimentales seront présentées au fur et à mesure de leur utilisation dans le contexte de l'étude.

Dans le cas de la kaolinite, les transformations thermiques et la cinétique des réactions ont fait l'objet de nombreuses études depuis plusieurs décennies. Dans cette étude, nous discuterons de la cinétique de réorganisation structurale et de la signification des différentes valeurs d'énergie d'activation rapportées par la littérature, sur le phénomène de réorganisation structurale de la kaolinite.

Cette discussion sera suivie par une étude détaillée sur les transformations thermiques et sur la cinétique associée à la déshydroxylation de la muscovite. Dans cette partie de l'étude, le phénomène de déshydroxylation sera corrélé au phénomène d'exfoliation des feuillets.

II. RAPPEL SUR LE COMPORTEMENT THERMIQUE DES PHYLLOSILICATES

Les phyllosilicates contiennent deux types d'eau :

1. L'eau physiquement adsorbée, éliminée à des températures inférieures à 300°C. Elle correspond statistiquement à environ deux couches d'eau adsorbées sur les surfaces externes des particules [1].

2. L'eau d'origine structurale provenant de la déshydroxylation des hydroxyles structuraux. Généralement, cette eau est libérée entre 400 et 1000°C, en fonction du minéral considéré (tableau II.1). A chaque minéral est associé un intervalle de température caractéristique de la déshydroxylation, qui dépend fortement de la nature des liaisons des groupements hydroxyles dans la structure. La déshydroxylation de la muscovite débute vers 750°C à pression atmosphérique.

Tableau II.1 : Températures de transformation de la kaolinite et de la muscovite à pression atmosphérique (d'après Brindley et Lemaître [2]).

Minéral	T (°C) déshydroxylation	T (°C) recristallisation
Kaolinite	450 à 550°C	900°C 1000 à 1100°C
Muscovite	750°C	1050°C * 1250°C **
* Phase de type spinelle, sanidine. ** Corindon (α-Al_2O_3), mullite, silice amorphe, autres phases		

II.1. La déshydratation

L'eau physiquement adsorbée à la surface des particules est désorbée, à pression atmosphérique, à des températures généralement inférieures à 100°C tandis que de l'eau résiduelle plus fortement liée peut être libérée à de plus hautes températures comprises entre 100 et 300°C.

II.2. La déshydroxylation

La déshydroxylation est la réaction par laquelle les hydroxyles structuraux des minéraux sont éliminés. Il se forme alors des phases quasi-stables qui ne se réorganisent qu'à plus haute température ou sous l'effet du milieu extérieur. Cette réaction peut être décomposée en deux étapes principales : la dissociation des groupements OH en O^{2-} et H^+ qui se combinent pour former des molécules d'eau (déshydroxylation au sens strict) puis élimination de l'eau du réseau cristallin. Généralement, on considère que l'élimination de l'eau est séparée dans le temps de la déshydroxylation au sens strict par piégeage des molécules au sein de la particule. Les molécules d'eau ne sont libérées qu'à plus haute température quand la pression du gaz devient suffisante pour permettre la diffusion [3].

D'après Pampuch [4], le mécanisme de déshydroxylation est homogène s'il existe des OH⁻ adjacents d'acidités différentes : qui est fonction de la présence de différents cations ou hydroxyles dans la couche octaédrique. L'hydroxyle le plus acide réagit alors avec le moins acide pour former H_2O avec la même probabilité dans tout le volume de la particule. La formation simultanée d'eau à travers tout le volume du minéral désorganise sa structure et favorise la formation d'une phase faiblement ordonnée.

Si les OH^- ont la même probabilité de se dissocier, le mécanisme de déshydroxylation est hétérogène ; la migration des cations ne change pas la trame oxygène des zones accepteuses et les produits néoformés sont relativement bien organisés structurellement et présenteront des orientations cristallographiques proches de celles de la phase initiale.

La déshydroxylation peut être précédée par un stade de prédéshydroxylation par délocalisation progressive des protons. Fripiat et Toussaint [5] ont observé ce phénomène sur les kaolinites à des températures (300°C) inférieures à la température de déshydroxylation (420°C). Cette modification à l'intérieur des couches octaédriques n'entraîne aucune perte de masse du minéral.

Dans de nombreux cas, la déshydroxylation conduit à la formation de phases quasi-stables à des températures bien inférieures aux températures de recristallisation. La structure et la texture de ces phases seront alors fonction des températures, du cycle thermique et des mécanismes mis en jeu lors de la déshydroxylation. Les minéraux dioctaédriques tels que la kaolinite (et ses polymorphes), la montmorillonite et la muscovite donnent des phases de déshydroxylation quasi-stables alors que la déshydroxylation et la recristallisation peuvent partiellement coexister dans les minéraux trioctaédriques comme le talc [2].

La kaolinite donne lieu à la formation de métakaolinite, qui est un minéral amorphe au sens de la diffraction des rayons X mais qui présente néanmoins un ordre à l'échelle locale. Cependant, le degré d'organisation varie avec le temps, la température et le cycle thermique et il semble que ce soit un processus continuellement en évolution. Les résultats obtenus par Souza Santos et al. [6] montrent que la recristallisation du talc en enstatite se fait de manière continue entre 800 et 900°C ; à partir de 900°C : il n'existe pas de phase intermédiaire, l'enstatite continue de recristalliser.

II.3. Les recristallisations

La recristallisation des phases déshydroxylées se fait suivant deux types de mécanismes [2] :

1. La recristallisation implique une réorganisation complète du réseau cristallin ; le phénomène est souvent très fortement exothermique : la recristallisation de la kaolinite en mullite en est un

exemple typique. Les paramètres de maille de la phase recristallisée sont différents de ceux de la phase de départ.

2. La recristallisation n'implique pas une réorganisation importante du réseau cristallin et les paramètres de maille des deux phases sont pratiquement identiques. Ce type de recristallisation est dit topotactique : par exemple, la recristallisation du talc en enstatite.

Les cinétiques de recristallisation sont en général difficiles à déterminer. Elles sont tout d'abord fonction des processus mis en jeu lors de la séquence de réaction déshydroxylation(s)–recristallisation(s). L'observation des nouvelles phases minérales est souvent difficile en raison de la taille des cristallites formées et dépend donc de l'échelle d'observation et de la sensibilité de la méthode de diffraction des rayons X et des autres méthodes spectrométriques.

Les cinétiques de cristallisation peuvent être fortement influencées par les méthodes opératoires mises en œuvre. Brindley et Hayami [7] ont montré que la température à laquelle est réalisée la déshydroxylation joue un rôle important sur les cinétiques de recristallisation. Plus la température de déshydroxylation est élevée, moins la recristallisation est rapide. L'origine de cette relation inverse est attribuée à l'élaboration d'une couche fortement désordonnée à la surface de la particule qui est la première à subir les transformations. Cette couche est d'autant plus épaisse et perturbée que la température de calcination est élevée relativement à la température de déshydroxylation (sursaturation élevée). Dans ces conditions, la recristallisation des domaines perturbés implique des températures bien plus élevées. Il est donc parfois préférable d'effectuer la transformation en plusieurs étapes, en portant tout d'abord le solide à des températures proches de sa température de déshydroxylation, puis de l'amener aux températures de recristallisation. Ces phénomènes seront d'autant plus à prendre en compte que la taille des particules calcinées sera petite car la partie superficielle désordonnée du volume de la particule sera importante vis à vis du volume total.

Le type de réaction varie selon le nombre de phases qui interviennent. Dans le cadre de cette étude, nous étudions principalement les décompositions thermiques où un solide S_1 va se transformer en solide S_2 avec la formation d'un gaz G : $S_1 \rightarrow S_2 + G$. C'est notamment le cas d'une réaction de déshydroxylation avec G la vapeur d'eau libérée.

III. MODELES DE TRANSFORMATION ET LOIS CINETIQUES

Au cours de la transformation d'un solide A en solide B, deux processus interviennent : la germination et la croissance.

La germination est la formation de petits volumes de la phase B, appelées germes. Ces germes peuvent naître en surface ou dans le volume du solide A. Ce processus est caractérisé par la création d'interfaces réactionnelles.

La croissance est la progression des interfaces qui conduit au grossissement des germes formés.

Ces deux processus contribuent à l'évolution des interfaces réactionnelles et sont caractérisés par une vitesse de réaction. Ainsi, les modèles de transformation décrivant ces réactions dépendent de la manière dont ces deux phénomènes vont évoluer [8].

III.1. Lois cinétiques de germination

D'après Galwey et Brown [9], la germination peut être décrite par une succession de deux étapes différentes :

• La transformation chimique de certains constituants de la phase initiale en constituants du produit de réaction ;

• L'association des constituants du produit de réaction afin de former le réseau cristallin de la nouvelle phase.

Plusieurs lois ont été développées afin de décrire la vitesse de formation des germes. La détermination expérimentale de cette vitesse n'est pas aisée et repose en général sur des observations par microscopie à haute résolution, en début de réaction. Nous citerons dans ce paragraphe les principales lois décrivant la germination et leur interprétation. Celles-ci ont été répertoriées dans divers ouvrages de cinétique hétérogène [10, 11, 12, 13, 14].

Soit N le nombre de germes formés à l'instant t et N_0 le nombre total de germes qui vont se former.

III.1.1. Germination instantanée

Dans ce cas, tous les germes sont formés au même moment, au début de la réaction. La loi de germination s'écrit donc sous la forme :

Pour $t<0$ $N=0$ (II.1)

Pour $t \geq 0$ $N=N_0$ (II.2)

III.1.2. Germination à vitesse constante ou linéaire

La vitesse de germination est indépendante du temps et quel que soit l'avancement de la réaction, la probabilité pour qu'un germe se forme est la même. L'expression de la loi de germination s'écrit sous la forme :

$$\frac{dN}{dt} = k_g \quad (II.3)$$

$$N = k_g t \quad (II.4)$$

k_g représente la probabilité pour qu'un germe apparaisse pendant l'unité de temps. Cette loi est également appelée germination d'ordre 0.

III.1.3. Germination d'ordre 1 ou en une seule étape

Cette loi correspond au cas où on supposerait l'existence de sites potentiels de germination. Ceux-ci ont la même probabilité d'être activés et donc de former un germe. La vitesse de germination et le nombre de germes s'expriment par :

$$\frac{dN}{dt} = k_g (N-N_0) \quad (II.5)$$

$$N = N_0(1-exp(-k_g t)) \quad (II.6)$$

Où k_g est la probabilité qu'un site potentiel de germination soit activé par unité de temps. Le nombre de sites potentiels et par conséquent la vitesse de germination vont décroître avec le temps.

III.1.4. Germination selon une loi puissance ou en plusieurs étapes

La germination est dans ce cas due à une succession d'évènements, ou bien se déroule par l'association de plusieurs «individus» chimiques. Les expressions de la vitesse de germination et du nombre de germes sont données par :

$$\frac{dN}{dt} = Kt^{n-1} \quad (II.7)$$

$$N = Kt^n \quad (II.8)$$

Où n est le nombre d'évènements nécessaires à la formation d'un germe et K représente le produit des probabilités que chaque évènement se produise si on considère une succession d'évènements. Dans le cas d'une association de plusieurs entités chimiques, $n-1$ est le nombre d'entités chimiques qui en s'associant vont former un germe et K est la probabilité totale pour que chaque espèce s'associe.

Toutes ces lois de cinétique de germination ne peuvent en aucun cas être utilisées à un instant quelconque quand le processus de croissance est commencé. Il est donc supposé que la formation d'un germe est suivie par sa croissance. Comme dans le cas de la germination, il est nécessaire de proposer une approche théorique du phénomène de croissance.

III.2. Lois cinétiques de croissance

III.2.1. Description de la croissance

La vitesse de croissance peut être identique quelle que soit la direction (croissance isotrope), ou se faire dans des directions privilégiées (croissance anisotrope).

Dans le cas d'une croissance anisotrope, celle-ci est souvent considérée comme se réalisant selon une, deux ou trois dimensions de l'espace. Ce nombre de dimension de l'expansion de la nouvelle phase dépend en général de la géométrie et de la forme cristalline des germes. Pour des grains en 2D (plaquettes minces), la croissance se déroule selon une dimension de l'espace (en supposant uniquement la croissance des champs). Pour des grains cylindriques (1D), elle a lieu selon deux dimensions de l'espace (en négligeant la croissance au niveau des faces des cylindres). Pour des grains de géométrie sphérique, la nouvelle phase se développe selon les trois dimensions de l'espace. Enfin pour des parallélépipèdes, le développement de la nouvelle phase se fait dans les trois dimensions mais avec des vitesses de croissances qui peuvent être différentes.

Au niveau d'un grain, la croissance des germes peut se faire soit vers l'extérieur du grain (développement externe) soit vers le cœur du grain (développement interne).

Enfin, la croissance d'un germe est souvent un phénomène en plusieurs étapes élémentaires qui ont lieu dans des zones réactionnelles différentes. Ces étapes peuvent être des réactions interfaciales et des étapes de diffusion [15]. Les réactions interfaciales peuvent se faire soit au niveau d'une interface interne (interface solide initial/solide final), soit à une interface externe (interface solide final/gaz). Pour établir l'expression de la vitesse de croissance, les auteurs considèrent qu'une seule étape est limitante et qu'elle fixe la vitesse de croissance.

III.2.2. Expression de la vitesse de croissance

La plupart des études cinétiques considèrent que le développement de la nouvelle phase se fait aux dépens de la phase initiale. Pour de nombreux auteurs, en supposant que le processus limitant est la progression de l'interface, la vitesse de l'avancement de l'interface s'exprime alors à priori sous la forme [16, 17] :

$$\frac{dr}{dt} = k_c \tag{II.9}$$

Où r est la dimension du germe et k_c est la « constante » cinétique de croissance.

Pour Delmon [10], la vitesse de croissance, définie comme la quantité de réactif transformée par unité de temps, est proportionnelle à l'aire de l'interface réactionnelle entre les deux phases solides, notée S_i. Elle s'écrit sous la forme :

$$V_c = k_i S_i \tag{II.10}$$

Où k_i est la vitesse interfaciale spécifique c'est-à-dire la vitesse de croissance ramenée à l'unité de surface de l'interface réactionnelle. Il suppose donc que l'étape limitante se situe à l'interface entre les deux phases solides.

En se basant sur des mécanismes de croissance en étapes élémentaires, Soustelle et Pijolat [18] proposent d'exprimer la vitesse sous la forme :

$$V_c = n_0 \phi E \tag{II.11}$$

Où n_0 est la quantité initiale du solide de départ ; ϕ est la réactivité surfacique de croissance de l'étape limitante et s'exprime en mol.m^{-2}.s^{-1} ; E est appelée fonction d'espace et dépend de l'évolution au cours de la réaction de la zone réactionnelle où se produit l'étape limitant la croissance et s'exprime en m^2.mol^{-1}.

Cette écriture offre de nombreux avantages, dont en particulier la possibilité de calculer les expressions des deux fonctions ϕ et E, pour chaque étape élémentaire d'un mécanisme.

Quelle que soit l'approche considérée, il apparaît que l'hypothèse d'une étape limitante est à la base des modèles de croissance.

III.2.3. Hypothèse de l'étape limitante de croissance

Pour établir une loi de vitesse de croissance, les auteurs supposent que la vitesse est imposée par une étape particulière du mécanisme, se produisant dans une zone réactionnelle donnée. L'équation (II.11) est ainsi une généralisation de ce principe communément (et parfois implicitement) admis.

Cette approche présente un intérêt dans le cas des transformations faisant intervenir généralement plusieurs étapes élémentaires et plusieurs intermédiaires réactionnels. Il est en général impossible de résoudre le système d'équations différentielles déduit des bilans de matière à tout instant. Pour simplifier, il est possible d'avoir recours à des hypothèses dont celles de la stationnarité et de l'étape limitante.

III.2.4. Choix d'une étape limitant la croissance

La croissance d'un germe va entraîner une diminution de la surface où de nouveaux germes sont susceptibles de se former. Afin de décrire une réaction en cinétique hétérogène, il paraît donc impossible de considérer séparément la germination et la croissance. Ainsi, les modèles de transformation relatifs aux réactions, mettant en jeu des solides et décrivant la fonction d'espace, seront obtenus en considérant les deux processus en même temps.

III.3. Modèles de transformation

L'évolution du degré d'avancement d'une réaction est la conséquence de l'évolution de l'interface réactionnelle due à la germination et à la croissance. Deux échelles de temps sont nécessaires pour décrire cette évolution : une échelle pour la germination (τ) et une échelle pour la croissance (t). La loi de germination permet de connaître le nombre de germes qui apparaissent par unité de temps, dN/dt. La vitesse de croissance caractérise l'évolution de l'interface réactionnelle d'un germe né à l'instant τ. Elle est notée $v_c(t, \tau)$. L'expression du degré d'avancement $x(t)$, proposée par plusieurs auteurs [9, 13] est obtenue en considérant l'évolution de l'ensemble des germes nés à différents instants τ et qui vont croître entre τ et t.

Selon les lois de germination et de croissance choisies, différents modèles ont été développés par de nombreux auteurs. En 1966, Sharp et al. [19] ont publié un article dans lequel ils répertorient neuf modèles de transformation présentés dans le tableau II.2. Ils proposent d'écrire les lois de vitesse en utilisant deux fonctions, $f(x)$ et $g(x)$ définies par :

$$\frac{dx}{dt} = k\, f(x) \qquad (II.12)$$

$$g(x) = \int_0^x \frac{dx}{f(x)} \qquad (II.13)$$

La définition de la constante cinétique k est différente selon les lois utilisées pour la germination et pour la croissance et dépend de la géométrie des grains.

Tableau II.2 : Lois cinétiques répertoriées par Sharp et *al.* [19].

Symbole	f(x)	g(x)
A_2	$2(1-x)[-Ln(1-x)]^{1/2}$	$[-Ln(1-x)]^{1/2}$
A_3	$3(1-x)[-Ln(1-x)]^{1/3}$	$[-Ln(1-x)]^{1/3}$
F_1	$(1-x)$	$-Ln(1-x)$
R_2	$(1-x)^{1/2}$	$2[1-(1-x)^{1/2}]$
R_3	$(1-x)^{2/3}$	$3[1-(1-x)^{1/3}]$
D_1	$1/2x$	x^2
D_2	$1/-Ln(1-x)$	$(1-x)Ln(1-x)+x$
D_3	$(3(1-x)^{2/3})/(2[1-(1-x)^{1/3}])$	$[1-(1-x)^{1/3}]^2$
D_4	$3/(2[(1-x)^{-1/3}-1])$	$1-2x/3-(1-x)^{2/3}$

La signification des symboles de ces lois est décrite ci dessous. La première loi A_n (A_2 et A_3 dans le tableau II.2) est celle utilisée dans cette étude. Une description de cette dernière est également donnée.

(A_n) : Germination dans le volume et croissance isotrope :

Ce modèle a été développé par Avrami [20] et par Jonhson et Mehl [21]. Ces auteurs considèrent une germination dans le volume du solide suivie par une croissance isotrope des germes. Ce modèle tient compte du recouvrement des sites potentiels de germination et du recouvrement des germes en cours de croissance. L'expression de la loi cinétique, après l'intégration de l'équation (II.12) est de la forme :

$$-Ln(1-x)^{1/n} = kt \qquad (II.14)$$

Cette loi est notée A_n où n dépend de la forme des germes et de la loi de germination.

(F_1) : Germination aléatoire et croissance instantanée ;

(R_n) : Germination instantanée et croissance limitée par l'avancement d'une interface interne et le développement interne de la nouvelle phase ;

(D_n) : Germination instantanée et croissance limitée par un mécanisme de diffusion et le développement interne de la nouvelle phase.

Excepté les lois d'Avrami (A_n), les lois du tableau II.2 correspondent à des modèles dans lesquels, soit la germination (R_n, D_n), soit la croissance (F_1) sont supposées instantanées. Les lois d'Avrami considèrent l'apparition aléatoire de germes dans le volume. Néanmoins, elles ont été fréquemment choisies pour expliquer les courbes expérimentales, quel que soit le type de transformation, et aussi parce que les lois d'Avrami sont simples et donnent des courbes de forme sigmoïde.

III.4. Approche technique appliquée aux minéraux

Le support théorique permettant d'interpréter les données d'analyse thermique différentielle d'une argile lors d'une recristallisation est notamment fourni par l'équation de Jonhson-Mehl-Avrami qui considère que la fréquence de nucléation et la vitesse de grossissement sont indépendantes du temps :

$$x = 1 - \exp(-g' I_v u^{n-1} t^n) \tag{II.15}$$

Où l'évolution de la fraction cristalline x est exprimée en fonction de la fréquence de nucléation par unité de volume, I_v et de la vitesse de grossissement des germes cristallins "u". g' est un facteur géométrique lié à la forme des cristaux et n est un paramètre en relation avec le type de mécanisme associé à la croissance cristalline.

Dans le cas d'une cristallisation isotherme, l'équation (II.15) devient :

$$x = 1 - \exp[(kt)^n] \tag{II.16}$$

La plupart des études décrivent la variation de la constante cinétique k en fonction de la température selon la loi d'Arrhenius sous la forme :

$$k(T) = k_o \exp(-\frac{E_a}{RT}) \tag{II.17}$$

Où k_0 est appelé facteur pré-exponentiel ou facteur de fréquence, R constante des gaz parfaits, T la température absolue, et E_a est l'énergie d'activation. Celle-ci est souvent définie comme la barrière d'énergie qu'il faut surmonter pour que la réaction se produise.

Le développement logarithmique de l'équation (II.16) donne :

$$\ln(-\ln(1-x)) = n\ln k + n\ln t \tag{II.18}$$

Cette équation permet l'obtention des paramètres n et k. Les valeurs de k à différentes températures peuvent être utilisées pour le calcul de l'énergie d'activation en utilisant l'équation d'Arrhenius (II.17).

Ces équations sont à la base de l'interprétation des signaux ATD en régime isotherme. Ce type d'interprétation a aussi été étendu aux caractérisations des signaux ATD en conditions anisothermes en utilisant des méthodes formelles dont l'une des plus connues est la méthode de Kissinger. La vitesse de réaction $\frac{dx}{dt}$ y est obtenue en dérivant l'équation (II.16) :

$$\frac{dx}{dt}=nk(1-x)[-\ln(1-x)]^{(n-1)/n} \qquad (II.19)$$

De façon générale, les méthodes anisothermes impliquent que les réactions élémentaires sont reliées au degré d'avancement de la réaction par la relation suivante :

$$\frac{dx}{dt}=h(T)f(x) \qquad (II.20)$$

La constante de vitesse $h(T)$ suit la relation (II.17) et la forme de la fonction d'avancement de la réaction est en relation avec le type de mécanisme impliqué. Quant à la fonction $f(x)$, elle est de la forme $f(x)=1-x$ et $n=1$ dans le cas de l'application de la méthode de Kissinger.

Comme le régime de chauffe est supposé linéaire en ATD, la vitesse d'échauffement ($\beta=\frac{dT}{dt}$) est constante. En considérant β et en utilisant l'équation (II.17), la dérivé de l'équation (II.19) donne l'expression :

$$\frac{d^2x}{dt^2}=A.k_0(\frac{E}{RT_P^2}-\frac{Ak_0}{\beta}\exp(-E_a/RT_P)).\beta(1-x_p)\exp(-E_a/RT_P) \qquad (II.21)$$

Où A est une constante, x_p et T_p sont respectivement la température et le degré de transformation au maximum de la vitesse de réaction.

La théorie de Kissinger est basée sur la similitude des courbes d'ATD et de thermogravimétrie différentielle (TGD). En admettant que le maximum du pic ATD correspond au maximum du pic TGD et de ce fait, au maximum de la vitesse de réaction, l'équation (II.21) doit vérifier :

$$\frac{d^2x}{dt^2}=0 \qquad (II.22)$$

Dans ce cas, l'équation (II.21) peut s'écrire :

$$\frac{d\ln[\beta/T_P^2]}{d\frac{1}{T_P}}=-\frac{E_a}{R} \qquad (II.23)$$

Le tracé de $\ln[\beta/T_P^2]$ en fonction de $1/T_P$, donne une droite de pente ($-E_a/R$).

Il faut néanmoins préciser que la méthode de Kissinger prend en compte une seule énergie d'activation, et que la transformation thermique de la kaolinite implique une séquence de phénomènes élémentaires ; il s'agit d'un processus hétérogène complexe qui inclut plusieurs barrières énergétiques. Des méthodes d'affinement ont été proposées pour l'obtention d'une distribution de ces barrières et on peut citer par exemple la méthode différentielle isoconversionelle de Friedman [22] ou plus récemment la méthode intégrale isoconversionelle de Vyazovkin et Dranca [23]. L'application de ces méthodes dans le cas de la réorganisation structurale de la kaolinite est fortement liée à la validité des données expérimentales. Particulièrement, la forme des pics doit permettre la détermination précise des températures extrêmes et du maximum des pics. D'autres part, la forme de la ligne de base doit permettre le calcul du taux de transformation x à chaque instant de la réaction, ce qui n'est pas toujours le cas lorsque les transformations sont très rapides et à haute température.

Si on considère l'existence de plusieurs mécanismes lors d'une transformation, c'est possible de calculer les constantes de temps des mécanismes en utilisant des expressions analytiques exponentielles. Dans le cas de la présence de 2 ou 3 mécanismes de transformations, on peut écrire [24] :

$$\frac{dx}{dt} = \sum_i A_i \exp(\frac{-t}{\tau_i}) \tag{II.24}$$

Avec $i=2..3$ et $\tau_i = \frac{1}{k_i}$

L'utilisation des deux premiers termes de l'équation (II.24) dans le cas de la déshydroxylation en conditions isothermes des plaquettes de muscovite permet l'obtention d'un bon affinement et des valeurs significatives de τ_i.

IV. TECHNIQUES DE CARACTERISATIONS CALORIMETRIQUES ET STRUCTURALES

L'analyse des aluminosilicates nécessite l'association de plusieurs techniques. Les techniques de caractérisation thermique sont adaptées pour l'étude des transformations qui se produisent avec une consommation ou une libération d'énergie associée à une perte de masse ou à une variation de longueur de l'échantillon.

En parallèle, la diffraction des rayons X apporte des informations complémentaires pour identifier la nature et la structure des produits cristallisés (présentant un arrangement périodique, ordonné et dans les plans réticulaires tridimensionnels des atomes constitutifs).

IV.1. Analyses Thermiques Différentielles et Thermo-Gravimétriques

Le principe de l'Analyse Thermique Différentielle (ATD) consiste à suivre l'évolution de la différence de température (ΔT) entre l'échantillon étudié et un corps témoin inerte c'est-à-dire dépourvu d'effets thermiques dans le domaine de température étudié. En dehors de l'aspect identification des espèces, l'ATD est utile dans l'étude des comportements des minéraux vis-à-vis de la chaleur. Les changements de structure sont mis en évidence par corrélation avec les autres méthodes physico-chimiques (notamment la diffraction des rayons X avant et après les phénomènes spécifiques détectés par ATD).

Le chauffage d'une argile entraîne l'élimination des matières organiques et le départ de l'eau de constitution de certaines espèces minérales. Il est donc possible de suivre l'influence de la température sur les pertes de masse de la matière étudiée. Ceci constitue le principe de l'analyse thermogravimétrique. La pesée continue des substances peut se faire pendant une variation linéaire de la température en fonction du temps. Lorsque la température des substances en réaction est maintenue constante, on passe au cas limite de la thermogravimétrie isotherme. L'Analyse Thermo-Gravimétrique (ATG) consiste donc à déterminer en fonction de la température les quantités de constituants volatils adsorbés ou combinés dans la matière. Les valeurs de température correspondant aux pertes de masses apportent des informations complémentaires à celles obtenues par ATD.

IV.1.1. Appareillage

Une série de mesures d'analyses thermiques différentielles et thermogravimétriques a été faite à l'aide d'un dispositif ATD-ATG couplé Setsys 2400 (SETARAM), schématisé sur la figure II.1. L'un des avantages du couplage de l'ATD/ATG est la simultanéité des mesures sur le même échantillon, avec un contrôle effectif du temps et de la température. Une deuxième série d'analyses thermogravimétriques a été réalisée en atmosphère d'air avec un appareil ATG Linseis (L81), équipé de grands creusets d'alumine d'environ 1cm de diamètre. L'ensemble des résultats sera présenté ci dessous.

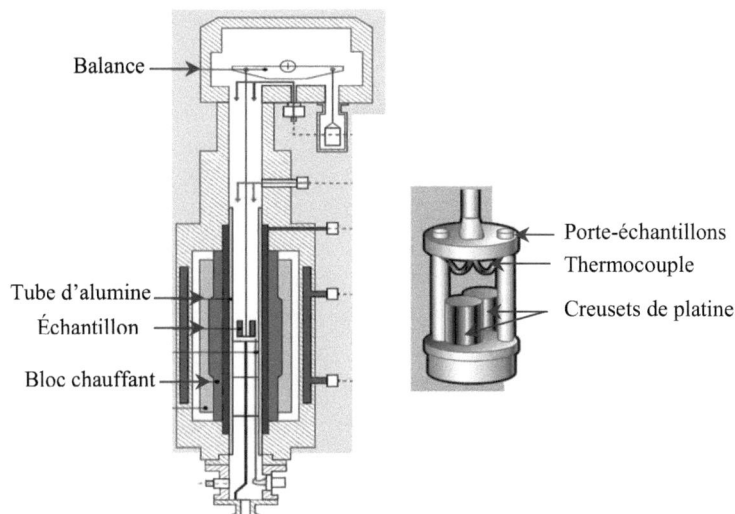

Figure II.1 : Schéma représentatif d'un dispositif ATD-ATG couplé.

IV.1.2. Préparation des échantillons

Pour l'ATD, les échantillons ont été broyés à une granulométrie inférieure à 100µm. La référence est de l'alumine calcinée et la masse d'essai est de 100mg pour l'échantillon et la référence. Les poudres sont légèrement tassées dans des creusets identiques, en platine. Sept vitesses de montée en température ont été choisies : 1, 3, 5, 8, 10, 15 et 20°C.min^{-1}.

Pour l'ATG, deux types d'échantillons de muscovite Ruby ont été préparés : le premier est une poudre broyée et tamisée à 100µm, le second est formé de plaquettes de muscovite coupées en carré (4×4mm). La masse de la muscovite utilisée est de 200mg dans les deux cas. Pour l'étude cinétique par ATG, des isothermes (700, 735, 750, 775 et 800°C) ont été réalisés avec une vitesse de montée en température de 20°C.min^{-1}.

IV.2. Analyses de dilatométrie optique

Le dispositif utilisé à cet effet est un dilatomètre optique Misura 3.32. Le principe de la mesure consiste à suivre les variations de dimensions d'un échantillon placé dans un four tubulaire à l'aide de deux caméras de haute résolution (figure II.2). Cet ensemble est relié à un ordinateur équipé d'un logiciel pour l'acquisition et le traitement des données. La caméra fixe sert à visualiser le haut de l'échantillon tandis que l'autre, de hauteur modulable permet de visualiser la base de l'échantillon. Ce type de mesure dilatométrique quantifie par le biais des caméras, la variation de la hauteur de l'échantillon par rapport à la hauteur initiale. Il faut noter qu'avec ce dispositif, c'est le frittage libre (sans contrainte) qui est étudié.

Figure II.2 : Dilatomètre optique Misura 3.32.

Des plaquettes de muscovite de 100µm d'épaisseur sont coupées de manière à ce que toutes les faces soient parallèles. Elles sont placées verticalement à l'aide d'un dispositif spécifique, au centre d'un four tubulaire capable de suivre des rampes de montée en température de 80°C.min^{-1}. L'échantillon est éclairé par une source lumineuse placée à l'arrière du four et renvoie son ombre sur la caméra. Des images de l'échantillon sont enregistrées tout au long de la montée en température simultanément à la température par un thermocouple placé au contact de l'échantillon.

Pour notre étude, deux vitesses de montée ont été utilisées : 600°.h^{-1} et de 18°.h^{-1}. Une mesure en isotherme a également été faite avec un temps de palier de 55 heures à 735°C.

IV.3. La diffraction des rayons X (DRX)

La DRX constitue une des techniques les plus utiles et les plus répandues pour l'identification des minéraux argileux. Les diagrammes de diffraction X ont été obtenus à l'aide d'un montage Bragg-Brentano dans un diffractomètre Brüker D5000 à monochromateur arrière en graphite, fonctionnant avec le rayonnement de la raie $K_{\alpha 1}$ du cuivre, piloté par un ordinateur et couplé à un système informatique qui permet l'exploitation automatique des résultats. Le logiciel employé pour l'identification des phases cristallines est DIFFRAC Plus release 2006-EVA. Il est possible d'identifier une phase minérale, sous réserve qu'elle soit bien cristallisée et lorsqu'elle est présente à des teneurs de 2 à 3% en volume. En vue de l'analyse diffractométrique des poudres, les échantillons sont broyés à une granulométrie inférieure à 80µm.

V. TRANSFORMATIONS THERMIQUES DE LA KAOLINITE

V.1. Comportement thermique de la kaolinite

Un des moyens le plus utilisé pour observer les transformations thermiques d'un matériau est l'analyse thermique différentielle (ATD) qui met en évidence tous les phénomènes s'effectuant avec une variation d'énergie. Les figures II-3 et II-4 représentent respectivement des courbes d'ATD d'une kaolinite bien cristallisée (KF) et d'une kaolinite associée à de la muscovite (Bip) ; ce sont les kaolins utilisés pour la préparation des matériaux micro-texturés de cette étude. Ces kaolins sont chauffés à 1250°C, à la vitesse de 10°C.min^{-1}. On remarque que la présence d'environ 17% de muscovite dans le kaolin Bip change la forme de la ligne de base. Quant aux pics endothermiques de déshydroxylation (voir V.1.1) et exothermiques de réorganisation structurale (voir V.1.2), ils sont dans le même domaine de température.

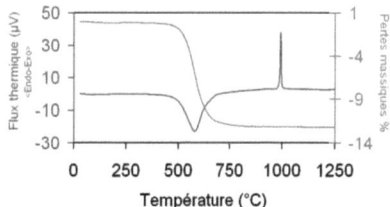 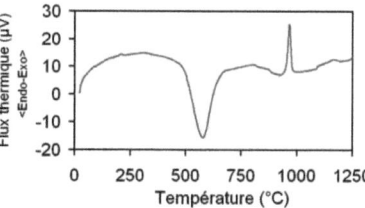

Figure II.3 : Courbe ATD-ATG du kaolin KF. **Figure II.4** : Courbe ATD du kaolin Bip.

V.1.1. La déshydroxylation (pic endothermique de grande amplitude vers 500°C)

Il s'agit de la réaction au cours de laquelle les hydroxyles structuraux sont éliminés de la kaolinite. Il se forme une phase appelée métakaolinite [25, 26, 27]. La température de décomposition dépend de l'origine du matériau, des conditions expérimentales et de la pression partielle de la vapeur d'eau [28]. La réaction globale de déshydroxylation peut se schématiser ainsi :

$$Al_2Si_2O_5(OH)_4 \rightarrow Al_2O_3, 2SiO_2 + 2H_2O \hspace{3cm} (II.I)$$

La cinétique du processus de déshydroxylation dépend du degré d'organisation structurale de la kaolinite. Une kaolinite relativement désordonnée se déshydroxyle rapidement et il ne reste que peu de OH résiduels dans la métakaolinite. Une kaolinite bien ordonnée se déshydroxyle lentement car la structure a tendance à retenir plus longtemps les derniers groupements hydroxyles. Simultanément, l'énergie d'activation de la déshydroxylation d'une kaolinite peu ordonnée est plus faible que celle d'une kaolinite bien ordonnée.

Pour caractériser les mécanismes des réactions de déshydroxylation et leurs énergies d'activation [20, 29, 30], de nombreuses caractérisations des cinétiques de réaction ont été réalisées. En général, les résultats rapportés dans la littérature rendent compte principalement du processus limitant de la réaction de déshydroxylation de la kaolinite. De façon générale, cette réaction est complexe et elle est gouvernée par un mécanisme de diffusion bidimensionnelle.

V.1.2. La recristallisation

La transformation associée au pic exothermique observé au voisinage de 950-980°C fait l'objet d'un certain nombre de controverses liées aussi bien à l'identification des mécanismes impliqués qu'à la composition chimique de l'éventuelle phase cristalline formée. Le faible épaulement exothermique observé à des températures supérieures à 1250°C est généralement attribué à la formation de mullite dite secondaire : $3Al_2O_3 \cdot 2SiO_2$.

La nature de la transformation exothermique de la métakaolinite observée vers 980°C fait encore l'objet de nombreuses études. L'état quasi amorphe du matériau dans ce domaine de température rend l'interprétation des résultats souvent délicate. Les descriptions les plus fréquentes expliquent soit la présence de spinelle Al-Si (structurellement similaire à $\gamma-Al_2O_3$ avec des quantités variables de Si) soit de mullite, selon la nature des précurseurs de départ [31, 32].

Plusieurs chemins de réaction peuvent décrire la transformation de la métakaolinite en mullite :

1. Aluminosilicate peu cristallisé ou une phase spinelle → (>950°C) mullite ;
2. Mullite avec des proportions variables du rapport Al/Si ;
3. Silice amorphe → (>980°C) cristobalite.

Les chemins de réaction 1 et 2 permettent aussi la recristallisation de la silice en cristobalite. A des températures supérieures à 1050°C, la quantité de mullite cristallisée augmente progressivement dans le matériau. La coexistence de la silice et de la phase aluminosilicate a été mise en évidence par certains auteurs [31, 32, 33]. Néanmoins, au-dessous de 1100°C, les tentatives de détermination avec précision des phases formées et de leurs caractéristiques chimiques [33] restent incertaines.

En utilisant la technique quantitative de diffraction des rayons X, les quantités respectives de Si-Al spinelle et de la mullite formées entre 980°C et 1600°C ont été déterminées par Chakravorty et Ghosh [34]. Ces auteurs estiment que la quantité de la phase spinelle est de l'ordre de 25 à 35%

en masse à 980°C. Mais il ne précise pas le cycle thermique (le temps de palier à 980°C) et ne présente pas les diagrammes de rayon X utilisés pour valider ces résultats. Il mentionne aussi la faible quantité de mullite vers 1000°C et son augmentation significative au-dessus de 1050°C. Plus récemment, Chen et al. [32] ont présenté les diagrammes de diffraction de rayons X d'un kaolin calciné à 1000°C pendant 24 heures. Bien que la durée de palier utilisée soit longue, la quantité de la phase spinelle observée reste faible et peu précise.

La forme des lignes de bases des courbes d'analyse thermique calorimétrique (DSC : Differential scanning calorimetry) de la kaolinite ainsi que d'autres minéraux argileux ne permettent pas, dans certains cas, la détermination précise des températures extrêmes et du maximum des pics. Ainsi, le calcul à partir des surfaces des pics du taux de transformation x s'avère difficile lorsque les transformations se produisent à haute température (~980°C) et dans un intervalle étroit de température. Dans ce cas, les conditions isothermes ne peuvent pas être efficacement expérimentées et les méthodes cinétiques, comme celle de Kissinger, ont été fréquemment utilisées. La particularité commune de ces méthodes consiste à mesurer la température du pic à partir des courbes d'analyse calorimétrique (DSC). Pour l'interprétations des données, des hypothèses simplificatrices sont ensuite fréquemment utilisées [35].

Dans cette partie d'étude, nous interpréterons les courbes DSC de la kaolinite dans les intervalles de température relatifs aux phénomènes endothermiques et exothermiques.
La signification des valeurs de l'énergie d'activation calculées par la théorie de Kissinger appliquée aux résultats de DSC sera examinée. Les valeurs seront comparées à celles obtenues par la méthode calorimétrique et par une approche utilisant la thermodynamique. L'objectif est d'évaluer la signification de l'énergie d'activation obtenue par la méthode anisotherme de Kissinger dans le cas de la réorganisation structurale de la kaolinite.

V.2. Matériaux et procédure expérimentale

Un kaolin de référence « kga-1b », de degré de pureté élevé à été utilisé comme source de kaolinite pour cette partie d'étude. Il provient de Georgie via la « Clay Mineral Society et l'Université de Missouri, USA ». Ce kaolin a des compositions chimiques et minéralogiques parfaitement reproductibles et proches de l'idéalité. Ces dernières sont données dans le tableau II.3 ainsi que dans la littérature [36, 37]. Les différentes caractérisations du minéral ont été obtenues après broyage, tamisage des particules au-dessous de 40µm et chauffage à 100°C pendant deux heures.

La perte de masse associée à la déshydroxylation de la kaolinite est de l'ordre de 13,5%, ce qui correspond au taux massique d'eau chimiquement liée d'une kaolinite idéale, confirmant ainsi la pureté du kaolin kga-1b.

Des expériences d'analyses thermiques différentielles et calorimétriques ont été effectuées à l'aide d'un appareil Setsys 2400 de SETARAM, équipé d'une tête DSC-TG 1500°C et des creusets en platine. Pour l'interprétation cinétique, l'appareil a été utilisé dans le mode balayage de température. Toutes les expériences ont été réalisées entre la température ambiante et 1300°C, sous atmosphère d'air, en utilisant six vitesses de montée en température : 3, 5, 8, 10, 15 et 20°C.min^{-1}. Des masses identiques de 100mg de référence (alumine-α précalcinée à 1500°C) et d'échantillon ont été utilisées afin de garantir le respect de conditions expérimentales identiques.

Pour les mesures calorimétriques directes, la méthode du calcul d'aire a été appliquée aux pics de déshydroxylation et de réorganisation structurale du kaolin kga-1b. Elle consiste à déterminer l'enthalpie mise en jeu lors d'une transformation au moyen d'une relation de proportionnalité :

$$Q = m\Delta H = c \int_{t_a}^{t_b} \Delta T dt \qquad (II.25)$$

L'intégrale représente l'aire du pic, c est une constante de proportionnalité, Q est la quantité de chaleur échangée à pression constante, m désigne la masse de matière réagissante, ΔH est la variation d'enthalpie par gramme de matière réagissante, t représente le temps et ΔT la différence de température entre l'échantillon et le corps de référence à l'instant t, tandis que t_a et t_b sont respectivement les temps du début et de la fin du pic considéré. La ligne de base est considérée comme étant linéaire entre les points délimitant les pics étudiés.

Une calibration précise a été effectuée en caractérisant les transformations de phase de $SrCO_3$ à 924°C (Aldrich ; pureté 99,995) et de K_2SO_4 à 584°C (Aldrich ; pureté 99,99), à des rampes identiques de température et en ajustant par une calibration préalable la position de la ligne de base [38]. Des corrections sur toutes les courbes expérimentales ont été réalisées par ajustement d'une fonction linéaire du début à la fin du pic.

La procédure de Kissinger (voir paragraphe III.4) a également été employée dans un but comparatif pour évaluer les énergies apparentes d'activation mises en jeu au cours des processus de transformations thermiques.

Tableau II.3 : Compositions chimiques et minéralogiques du kaolin kga-1b.

Chimique (% massique d'oxydes)		Minéralogique
SiO_2	44,2	
Al_2O_3	39,6	Kaolinite = 96±2
Fe_2O_3	0,2	
TiO_2	1,4	Quartz < 1±0,2
MgO	0,03	
Na_2O	0,01	Anatase > 1±0,2
K_2O	0,05	
P_2O_5	0,03	Gibbsite > 2±0,3
Perte au feu à 1000°C	13,78	
Autres	0,7	

Des analyses par diffraction de rayons X ont été effectuées après chaque cycle et trempe du minéral à l'aide d'un diffractomètre Siemens D5000 (Brüker AXS), en utilisant la raie $K\alpha$ du cuivre avec un pas de 0,02° et un temps d'acquisition de 13 secondes par pas.

Le microscopie électronique en transmission (MET) de marque JEOL et de modèle 2010 a été utilisé avec une tension d'accélération des électrons de 100 kV.

V.3. Résultats

L'analyse thermique quantitative a été appliquée au processus de déshydroxylation et de réorganisation structurale de la kaolinite. Les énergies d'activation déterminées par les mesures de calcul d'aire ΔQ des phénomènes endothermique et exothermique sont données dans le tableau II.4. La faible variation des valeurs d'énergie d'activation en fonction de la vitesse de chauffe montre la validité de la méthode expérimentale utilisée. Pour les deux transformations, ΔQ est obtenu à pression atmosphérique et à composition constante et l'égalité $\Delta Q = \Delta H$ (variation d'enthalpie) peut être supposée dans les intervalles de températures des transformations.

Tableau II.4 : Variations d'enthalpie obtenues par les mesures calorimétriques pendant la déshydroxylation et la réorganisation structurale du kaolin kga-1b.

Vitesse de chauffe (K.min^{-1})	ΔQ_{endo}(kJ.mol^{-1})	ΔQ_{exo} (kJ.mol^{-1})
20	194	-36
10	200	-35
5	202	-30
3	207	-31

La précision de cette méthode est d'environ 1%. De ce fait, il apparaît une bonne corrélation entre nos résultats (200±10kJ.mol^{-1} et -32±5kJ.mol^{-1} pour la déshydroxylation et la réorganisation structurale) et ceux reportés dans la littérature [39, 40].

Les courbes de la figure II.5 indiquent les positions du pic exothermique correspondant au processus de réorganisation structurale du kaolin Kga-1b, à des vitesses de chauffe β variables. Une augmentation de la surface des pics est observée avec la vitesse de chauffe. De même, la température maximale de chaque pic croît lorsque la vitesse de chauffe augmente. Les mêmes observations ont été constatées pour les pics de déshydroxylation de la kaolinite.

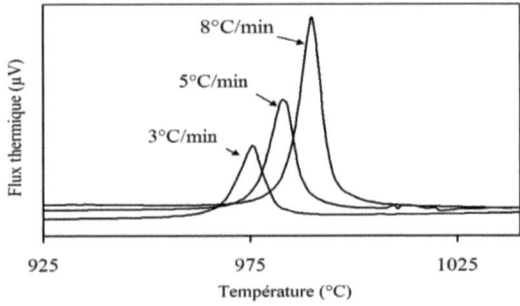

Figure II.5 : Partie des courbes ATD du kaolin kga-1b traité à différentes vitesses de montée en température.

En figure II.6, le tracé de Kissinger [ln β/T_p^2 = f(1/T_p)] pour le processus de réorganisation structurale du kaolin kga-1b permet de déterminer la valeur apparente de l'énergie d'activation à 1123±60kJ.mol^{-1}. La valeur obtenue pour le processus de déshydroxylation est de 175±10kJ.mol^{-1}.

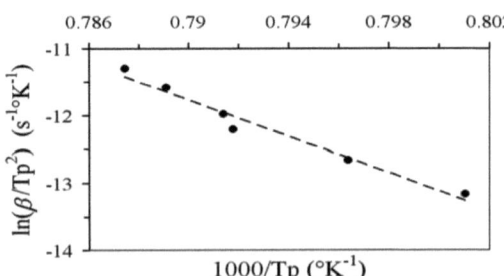

Figure II.6 : Tracé de Kissinger pour la détermination de l'énergie apparente d'activation du phénomène lié au pic exothermique entre 970°C et 1020°C.

Dans le cas de la déshydroxylation, l'enthalpie calculée par l'approche anisotherme de Kissinger est en accord avec les données reportées dans la littérature (140 à 190kJ.mol^{-1}). Cependant, elle reste légèrement inférieure à l'enthalpie liée à la déshydroxylation issue des mesures de calorimétrie directe. Cette différence peut être due à l'incertitude liée à la forme du pic lors de l'utilisation de la méthode de Kissinger.

En ce qui concerne le phénomène de réorganisation structurale, l'enthalpie obtenue (1123±60kJ.mol^{-1}) est largement supérieure aux valeurs reportées dans la littérature (0 à 32kJ.mol^{-1}) et à celle issue des mesures de calorimétrie (-32kJ.mol^{-1}). Une discussion sur la signification de l'énergie d'activation de la réorganisation structurale obtenue par la méthode de Kissinger est nécessaire.

Les valeurs expérimentales de ΔH peuvent être aussi comparées aux valeurs calculées à partir des données thermodynamiques [41]. Dans le cas d'une transformation idéale de di-silicate d'alumine en alumine de transition ou en mullite et silice :

$(Al_2O_3)2(SiO_2) \rightarrow Al_2O_3 + 2SiO_2$ (II.II)

$3(Al_2O_3)6(SiO_2) \rightarrow Al_6Si_2O_{13} + 4SiO_2$ (II.III)

Les valeurs d'enthalpie obtenues pour la réaction (II.II) et (II.III) sont respectivement 280 et 810kJ.mol^{-1}. Elles supposent que ces réactions sont complètement obtenues, ce qui ne peut pas être vérifié par des observations expérimentales par diffraction de rayon X du kaolin kga-1b à des températures un peu supérieures à celles du pic exothermique. La figure II.7 présente les diagrammes de diffraction de rayon X du kaolin kga-1b calciné à 1050 et 1100°C à la vitesse de chauffe de 10C.min^{-1}. Les pics de TiO_2 sont aussi présents dans les diagrammes de diffraction de rayon X du kaolin kga-1b cru, il représente environ 1,4% massique (voir l'analyse chimique ; tableau II.3). Les diagrammes de diffraction de rayon X présentent aussi des pics peu accentués correspondant à la mullite et à une spinelle Al-Si. De 1050 à 1100°C, l'intensité des réflexions de la phase spinelle ne change pratiquement pas, alors qu'une petite augmentation de l'intensité des pics de mullite peut être constatée (figure II.7). L'intensité des pics de mullite et de phase spinelle indique qu'une quantité limitée de ces phases a recristallisé, ce qui ne corrobore pas par les transformations (II.II) et (II.III), qui supposent l'existence de réactions complètes.

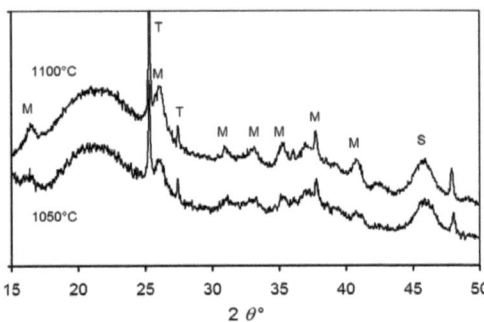

Figure II.7 : Diagrammes de diffraction de rayon X du kaolin kga-1b à 1050 et 1100°C (10°.min^{-1} ; 2h). M : mullite ; T : TiO$_2$; S : Al-Si spinelle.

V.4. Discussion

La théorie de Kissinger appliquée au phénomène de déshydroxylation de la kaolinite permet de calculer des valeurs d'énergies apparentes d'activation comprises entre 140 et 210kJ.mol^{-1} [25, 42, 43, 44, 45] alors que la valeur de 230kJ.mol^{-1} est reportée dans une publication récente [46]. De façon générale, les valeurs obtenues sont fortement dépendantes de la composition et du degré de cristallinité de la kaolinite ainsi que de la pression et du type d'atmosphère lors du traitement thermique. Les valeurs de la littérature sont similaires à nos résultats expérimentaux (209kJ.mol^{-1}) et sont comparables aux valeurs obtenues par la méthode calorimétrique (194-207kJ.mol^{-1}). L'ensemble des résultats est présenté dans le tableau II.4. La diminution limitée des valeurs avec l'augmentation de la rampe de température est liée au changement de mécanismes impliqués dans le processus global de déshydroxylation. Ce processus comprend à la fois la rupture des liaisons des groupements hydroxyles dans la structure et la diffusion de ces groupements ou de l'eau formée dans la structure des phyllosilicates. Lorsque la rampe de température est élevée, le mécanisme de diffusion de l'eau vers l'extérieur des particules devient le mécanisme dominant [44].

Pour le pic exothermique à 980°C, la valeur d'énergie apparente d'activation obtenue par les méthodes cinétiques est aussi fortement dépendante de la composition et du degré de cristallinité de la kaolinite ainsi que des minéraux associés. L'atmosphère de traitement thermique et les cycles thermiques antérieurs subis par la kaolinite sont aussi des paramètres influents. Les valeurs reportées dans la littérature sont dans l'intervalle 500-1150kJ.mol^{-1}, et bien qu'elles dépendent des caractéristiques structurales de la forme à hautes températures de la kaolinite (métakaolinite) et du processus thermique, les publications ne contiennent que peu d'informations sur ce point [31, 32].

Le chemin de réaction suivi par la kaolinite suit l'une ou l'autre des réactions (II.II) ou (II.III). La prédominance de l'une ou l'autre des réactions dépend du type de kaolinite et des caractéristiques du traitement thermique [47]. En général, la phase spinelle et la mullite se forment simultanément au-dessous de 1100°C, mais aucune relation stricte n'a été mise en évidence entre le type de kaolinite et les valeurs calculées de ΔH et de E_a. Simultanément au rôle du type de kaolinite, la valeur de E_a dépend aussi du modèle cinétique utilisé pour interpréter les résultats expérimentaux et résulte des méthodes mathématiques pour le traitement des données.

Les valeurs de E_a sont discutables dans le contexte des méthodes analytiques telles que celle proposée par Kissinger. Cette méthode est basée sur la transformation mathématique de l'équation (II.15). Pour rendre cette équation utilisable à partir des résultats expérimentaux de température de pic, Kissinger a réalisé une interprétation spécifique des expressions initiales, en faisant quelques suppositions, dont l'existence d'un phénomène de recristallisation qui suit une loi d'Arrhenius. En général, ces présuppositions à l'interprétation des données sont peu en rapport avec les aspects fondamentaux des mécanismes de recristallisation de la kaolinite.

En particulier, la supposition d'une variation de k avec la température dans l'équation (II.17), qui suit la loi d'Arrhenius, devrait être conforme avec l'existence de mécanismes de nucléation et de croissance en fonction de la température qui suivent chacun une loi d'Arrhenius. Cette situation a été observée dans le cas de la recristallisation de verres, dans lesquels, les processus de nucléation et de croissance sont bien séparés et identifiés [48]. Cependant, les mécanismes de recristallisation sont souvent plus complexes et se produisent avec une relative simultanéité, comme dans le cas des mécanismes de recristallisation en surface et en volume dans les matériaux hétérogènes. Dans ce cas, le processus global de recristallisation est souvent régi par le cycle thermique et la relation d'Arrhenius n'est plus valide. C'est le cas avec la kaolinite qui subit une transformation complexe dans l'intervalle de température du pic exothermique (figure II.7).

La diffraction des Rayons X du kaolin kga1-b à 1050°C et à 1100°C montre l'existence de pics significatifs de la phase spinelle et de la mullite à 1050°C (rampe de 10°C.min^{-1}, 2h de palier), tandis que la dimension des pics de mullite augmente de 1050°C à 1100°C alors que des pics très larges de spinelle peuvent être distingués aux deux températures.

Pour le même matériau, une observation par MET (figure II.8) après un traitement thermique à 1050°C (rampe de 5°C.min^{-1}, 2h de palier) montre clairement une faible densité de nano-cristallites aciculaires de mullite répartis dans une phase continue. Quand le cycle thermique change (1100°C, rampe de 10°C.min^{-1}, 4h de palier), la taille des cristallites de mullite augmente et leur densité diminue. Ces observations des microstructures des matériaux frittés au-dessous de 1050°C montrent clairement la faible quantité de phases spinelle et mullite qui sont effectivement recristallisés. Quand des matériaux sont frittés au-dessus de 1050°C, nous observons à la fois que la nucléation et la croissance de la mullite varient de façon continue avec la coexistence de la phase spinelle, en accord avec les diagrammes de diffraction de rayons X de la figure II.7. Cela signifie une fois encore la simultanéité des processus de nucléation et de croissance cristalline des nouvelles phases et une forte dépendance de ces phénomènes avec la température et le temps. Une observation semblable a été faite dans la littérature, dans laquelle la fréquence de nucléation des nouvelles phases de la métakaolinite a été décrite comme un mécanisme de type non-Arrhénien.

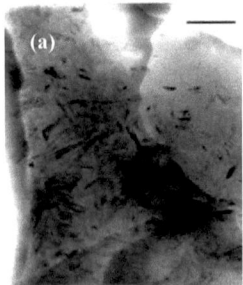 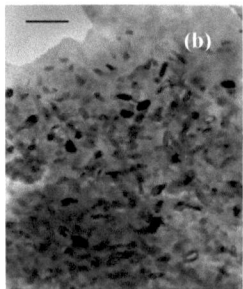

Figure II.8 : (a) Image TEM du kga-1b après calcination à 1050°C (5°C min^{-1} ; 2h) ;
(b) Image TEM du kga-1b après calcination à 1100°C (10°C min^{-1} ; 4h) ;
Les nano-cristallites de mullite sont en gris foncé, échelle = 20nm.

Une explication à ce caractère non-Arrhénien des mécanismes de recristallisation dans la métakaolinite peut-être proposée en considérant la nature hétérogène du matériau à l'échelle des cristallites. Dans ce cas, on peut remarquer que la simultanéité des mécanismes de recristallisation en volume et aux interfaces doit favoriser le rôle de la température dans les cinétiques des phénomènes de nucléation et de croissance. Néanmoins, alors que le phénomène de nucléation a pu être observé expérimentalement, le phénomène de croissance n'a été l'objet que de quelques observations expérimentales. Les quelques données publiées mettent pourtant en évidence la superposition des phénomènes de nucléation et de croissance [47, 49, 50]. En conséquence de ces expérimentations, nous ne pouvons pas négliger le caractère complexe de ces mécanismes et le rôle de la température et du temps.

Pour décrire ces phénomènes, on peut proposer une autre approche théorique, basée sur la description de Polanyi et de Wigner [51]. Alors que l'approche d'Arrhenius est bien établie pour les processus ayant une cinétique constante, ce modèle peut être remis en cause dans les matériaux hétérogènes en raison de l'existence de variations locales d'énergie d'activation. On peut considérer que l'énergie de transformation est transférée de proche en proche entre les constituants et qu'une énergie moyenne est finalement obtenue. Dans ce cas, Polanyi et Wigner ont proposé la description théorique d'une réaction activée thermiquement, qui se produit simultanément à la progression d'une interface. La base thermodynamique du processus d'activation dans le cas d'une réaction irréversible peut être écrite sous la forme :

$$\frac{dx}{dt} = (\frac{k_B T}{h}) x_o \exp(-\frac{\Delta H}{RT}) \exp(\frac{\Delta S}{R})$$ (II.26)

Là où k_B et h sont respectivement les constantes de Boltzmann et de Planck.

L'intérêt de cette équation est de relier les variations d'enthalpie et d'entropie au facteur de fréquence k_o ainsi qu'à l'énergie d'activation par l'intermédiaire des équations (II.17) et (II.19). L'équation de Polanyi et de Wigner peut être employée pour estimer des valeurs de variation d'entropie et de facteur de fréquence, quand des changements d'enthalpie pendant les transformations sont connus.

Dans le cas de la transformation endothermique de la kaolinite, l'équation (II.26) peut être appliquée en utilisant la valeur de ΔH reportée dans le tableau II.4 et de E_a obtenues dans la littérature. Le facteur de fréquence calculé par cette méthode est de $k_o \sim 10^{15} S^{-1}$ et la variation d'entropie de ΔS=-50 J K.mol^{-1}. Ces valeurs sont semblables à nos données expérimentales et à celles de la littérature [52].

Pour la transformation exothermique, les valeurs de E_a calculées par la méthode Kissinger sont de 500 à 1150kJ.mol^{-1}. Elles excèdent les valeurs de ΔH mesurées avec les surfaces des pics d'un facteur 30. Si nous attribuons une valeur nominale de $k_o = 10^{20-21} S^{-1}$ dans l'équation de Polanyi et de Wigner [31, 53], nous constatons que la variation d'entropie est excessive puisqu'elle atteint ΔS=-700J K.mol^{-1}. Pour comprendre la signification de ce chiffre, il faut le comparer à la valeur de variation d'entropie qui peut être calculée à partir des données thermodynamiques. Dans le cas de la transformation d'un composé di-silicate d'alumine en soit alumine ou mullite et en silice, les valeurs sont ΔS=-16J K.mol^{-1} pour la réaction (II.II) et ΔS=-22J K.mol^{-1} pour la réaction (II.III). Ces résultats sont très différents de ΔS calculé dans l'équation de Polanyi et de Wigner, ce qui renforce le doute sur la signification des méthodes cinétiques telle que celle de Kissinger, lors du calcul de l'énergie d'activation du phénomène exothermique de la kaolinite. Dans ce cas, une approche basée sur les méthodes calorimétriques pourrait apporter des informations supplémentaires. Néanmoins, la valeur élevée du facteur de fréquence ainsi que le petit intervalle de température du pic exothermique ainsi que la température relativement élevée du phénomène sont des paramètres qui ne facilitent pas les expérimentations.

D'autres approches théoriques seraient intéressantes à mettre en œuvre, comme la méthode iso-convertionnelle de Vyazovkin et Dranca [23]. Cette méthode à l'avantage de considérer une distribution des barrières d'énergies, c'est à dire l'existence d'une séquence de transformations locales lors de la recristallisation d'un matériau hétérogène comme la métakaolinite. L'application de cette approche nécessitera néanmoins de valider très précisément les données expérimentales et surtout la taille et la forme du pic de recristallisation.

V.5. Conclusion

La kaolinite dans l'intervalle de température entre 1050°C et 1100°C subit une recristallisation caractérisée par une relative simultanéité des phénomènes de nucléation et de croissance. Les observations expérimentales par diffraction des rayons X et par microscopie électronique montrent clairement cette simultanéité des phénomènes et aussi la coexistence des phases spinelle et mullite dans une matrice hétérogène. Les résultats montrent aussi le rôle de la température et du temps sur les cinétiques de recristallisation et de croissance cristalline de la kaolinite. Dans ce cas, on peut conclure que la recristallisation de la métakaolinite est un processus qui ne suit pas la loi d'Arrhenius.

Bien que les méthodes cinétiques soient fréquemment utilisées pour caractériser la transformation exothermique, la valeur d'énergie d'activation aussi calculée excède largement la variation d'enthalpie obtenue par une méthode calorimétrique. Dès lors que la variation d'entropie de la réaction est connue, le facteur de fréquence peut-être calculé avec l'équation de Polanyi et de Wigner. La valeur obtenue est très élevée et excède significativement les données de la littérature. Une corrélation qualitative avec les observations par microscopie montre l'existence d'un processus lent de cristallisation, ce qui va à l'encontre des valeurs très élevées de cinétique de recristallisation. Nous concluons que l'approche de Kissinger n'est pas une méthode appropriée pour l'interprétation de la transformation de kaolinite vers 980°C et que d'autres approches expérimentales et théoriques seront nécessaires.

VI. DESHYDROXYLATION DE LA MUSCOVITE

VI.1. Comportement thermique de la muscovite

L'analyse thermogravimétrique est un moyen très utilisé pour suivre l'influence de la température sur les pertes de masse de la matière étudiée. Cette technique a été souvent utilisée en mode isotherme à différentes températures, atmosphères ou temps d'acquisition [54, 55, 56] pour séparer les diverses contributions à la perte de masse, qu'il s'agisse de l'eau formée par le départ des groupes OH structuraux, de l'eau physiquement adsorbée ou d'autres constituants volatils adsorbés ou combinés avec la matière.

La courbe d'analyse thermique différentielle de la muscovite de Bihar présente dans l'intervalle de température de déshydroxylation, de larges pics asymétriques difficilement distinguables (figure II.9). Des observations similaires ont été faites par d'autres auteurs [54] qui ont cherché à expliquer l'intervalle très large de température du pic de déshydroxylation.

La forme et la largeur des pics obtenus par ATD (figure II.9) ne permet pas l'utilisation de cette méthode pour étudier la cinétique de déshydroxylation de la muscovite. En particulier, les températures de début, du sommet et de la fin du pic ne peuvent pas être mesurées avec précision. D'autre part, il est inenvisageable de déterminer la forme de la ligne de base, ce qui ne permet pas de quantifier la surface en fonction de la température et donc le taux d'avancement de la réaction. Ces difficultés nécessitent l'utilisation d'une méthode différente de l'ATD et l'Analyse Thermo-Gravimétrique (ATG) a été choisie à cette fin.

La courbe ATG de la figure II.9 montre une perte de masse d'environ 1% à basse température (<200°C). Elle est associée à une variation endothermique qui peut être attribuée à l'eau intercalée ou adsorbée sur les surfaces.

Entre 475°C et 950°C, la courbe ATD montre un large pic asymétrique correspondant à la déshydroxylation. La perte de masse associée à cette transformation est d'environ 4,5%, conforme à la perte de masse rapportée dans la littérature [54, 56]. Durant la déshydroxylation, la structure de la muscovite évolue progressivement vers une forme structurale haute température, qui sera décrite dans le chapitre 3.

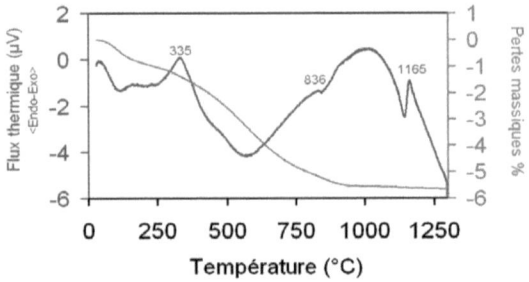

Figure II.9 : Courbe ATD-ATG de la muscovite Bihar

Vers 836°C, l'épaulement détecté peut être attribué à la présence de traces de carbone dans la muscovite étudiée. Le faible taux de carbone qui est détecté peut être dû à une pollution de nos matériaux lors de l'étape d'extraction ou pourrait résulter d'un processus géochimique. Il serait souhaitable de vérifier ultérieurement la présence de carbone par une technique différente de l'ATG, comme la spectrométrie de masse. La possibilité de présence du carbone dans les micas était déjà présentée dans le chapitre 1 et nous verrons dans le chapitre 3 que des petites réflexions RX ne peuvent être attribuées qu'à la présence du carbone.

Au-delà de 1140°C, le pic exothermique correspond à la cristallisation de la forme haute température de la muscovite et à la formation de nouvelles phases. Selon le diagramme ternaire SiO_2-Al_2O_3-K_2O (Annexe 2), les phases cristallisées sont la mullite ($3Al_2O_3.2SiO_2$) et la leucite ($Al_2O_3.4SiO_2.K_2O$). Les échantillons contiennent aussi une phase amorphe.

VI.2. La déshydroxylation de la muscovite

VI.2.1. Structure de la muscovite déshydroxylée

Les caractéristiques structurales d'une muscovite bien cristallisée sont reportées dans le fichier JCPDS n° 82-0576. Pendant le chauffage, la structure de la muscovite change progressivement et les différents arrangements structuraux possibles sont décrits par Guggenheim et *al.* (650°C) **[54]** et Udagawa et *al.* (900°C) **[55]**. En général, les paramètres de maille augmentent avec la déshydroxylation mais l'augmentation la plus importante est selon l'axe $\vec{c}$ **[57, 58, 59, 60]**. La structure initiale en feuillets change, notamment en raison de la transformation des couches octaédriques alors que les couches tétraédriques conservent leur organisation globale. L'évolution de la structure de la muscovite déshydroxylée en fonction de la température, caractérisée par diffraction de rayon X et de neutron, sera décrite en détail dans le chapitre 3.

VI.2.2. Mécanismes de déshydroxylation

Ces mécanismes ont été initialement décrits par Eberhart [57] qui propose l'existence d'un processus homogène qui conduit à la formation d'une molécule d'eau à partir de 2 ions OH⁻ situés de part et d'autre des plans de cations octaédriques. Nicol [58] réinterprète les calculs de structure d'Eberhart et propose un mécanisme hétérogène de déshydroxylation qui implique la migration des protons vers ce qu'on peut appeler les zones réactionnelles. Un mécanisme de type homogène est ensuite de nouveau proposé par Nakahira [61, 62] et Vedder et Wilkins [63] qui ont montré par spectrométrie IR que dans une muscovite déshydroxylée et ensuite re-hydroxylée, les ions OH⁻ retournent à leurs sites d'origine. De façon similaire, Wardle et Brindley [64] et Mazzucato et al. [40] ont suggéré l'existence d'un mécanisme de type homogène pour la déshydroxylation de la muscovite.

En cherchant une identification plus détaillée des mécanismes, Guggenheim et al. [54] proposent que la déshydroxylation n'est pas instantanée comme dans le concept de la déshydroxylation homogène [65]. Dans ce cas, certains des groupements hydroxyles peuvent se déplacer séquentiellement. Ceci rend possible la présence simultanée d'aluminiums penta et héxa-coordonnés, qui favorise la redistribution des charges et renforce la liaison de l'hydroxyle restant à l'aluminium. Cette séquence de mécanismes expliquerait l'intervalle de température très large qui est observé pour la déshydroxylation.

Fripiat et al. [5] ont indiqué l'existence d'une étape de pré-déshydroxylation pour les micas de type muscovite, phlogopite et biotite. Elle est caractérisée par la délocalisation de protons dans la couche octaédrique. La faible valeur de l'énergie associée à la libération des protons suggère à Brett et al. [66] un phénomène de déplacement par tunneling, similaire à celui proposé par Freund [67]. A partir de données de RMN sur le ^1H, Litovchenko et al. [68] ont suggéré que la réorientation des hydroxyles liés à la structure pouvait se produire au préalable au déplacement des protons, induit par l'élévation de température. Le changement de position des protons des groupements hydroxyles favorise l'abaissement de la barrière d'énergie de la réaction et ainsi facilite le déplacement du proton vers un groupement OH adjacent lors de la déshydroxylation.

VI.2.3. Influence de la taille des particules sur la déshydroxylation

De façon générale, la taille des particules modifie la cinétique du processus de déshydroxylation. En faisant varier le temps de broyage de la muscovite, les courbes ATD-ATG obtenues par Klein et al. [69], Vladimir et al. [70], Lapides [71] et Mackenzie et al. [72] mettent en évidence la présence de molécules d'eau physiquement adsorbées sur la surface de la muscovite. Il en résulte que la cinétique des réactions est plus rapide lorsque les particules sont plus fines et les températures de réaction plus basses.

Plus récemment, Pérez-Rodríguez et *al.* [73] ont étudié l'influence de la durée d'application d'ultrasons sur les processus de broyage et d'amorphisation. En général, la surface spécifique augmente avec la durée du traitement par ultrasons, alors que les températures de déshydroxylation observées sur les courbes ATD-ATG diminuent significativement. Simultanément, le départ des groupes OH de surface peut être clairement distingué du départ des OH de la structure.

VI.2.4. Cinétique de déshydroxylation

La plupart des travaux visant à la mesure des cinétiques de réactions sont réalisés par l'interprétation de résultats d'analyses thermiques (ATG, ATD/DSC) ou de techniques spectrométriques. Ils s'intéressent généralement à l'étude des mécanismes et de leur cinétique, indépendamment de considérations sur les modèles de structure.

Les premiers travaux menés par Holt et *al.* [74, 75] indiquent une augmentation de l'énergie d'activation apparente du processus avec le temps. Ceci est interprété en considérant un réseau cristallin non évolutif. La cinétique de déshydroxylation est associée à une réaction du premier ordre et l'enthalpie apparente d'activation du processus de déshydroxylation dans l'air est 377 kJ.mol^{-1}.

Selon Gaines et Vedder [76], le mécanisme qui limite le taux de réaction est la diffusion des molécules d'eau dans la structure déshydroxylée. Des mesures par thermogravimétrie avec des micro-particules maintenues à température constante sous vide [77] ont donné des résultats en accord avec un modèle de diffusion à deux dimensions des molécules d'eau et une énergie d'activation de 225kJ.mol^{-1}. D'après Brett et *al.* [66], des résultats similaires sont obtenus avec la kaolinite [78].

Des études par spectrométrie infrarouge [26, 63] de la déshydroxylation et de la réhydroxylation de plusieurs micas ont été réalisées à des températures suffisamment basses pour éviter les effets des changements de la texture avec la température et notamment vers 600°C. Ces études ont constitué un apport important à la connaissance des processus fondamentaux.

Globalement, si la déshydroxylation apparaît comme similaire à un processus de diffusion contrôlé prenant naissance parallèlement aux faces (001), ce n'est pas simplement la diffusion de molécules d'eau formées par la condensation définitive de deux hydroxyles. Il est suggéré que la phase de réaction ayant la cinétique la plus lente est le déplacement des protons des complexes H_2O, quel que soit la durée d'existence de ces molécules. Rouxhet [78] propose un raisonnement similaire en considérant que la diffusion prend place parallèlement à la direction c^* et que les protons sont transportés dans des complexes H_2O, au moins pendant la partie la plus lente de la réaction.

Enfin, les résultats de Mazzucato et al. [40] sont en accord avec un modèle de diffusion à une dimension des molécules d'eau dont l'énergie d'activation apparente sous vide est de 251kJ..mol^{-1}. Cette valeur peut être comparée aux valeurs d'énergies d'activation obtenues par Lapides [79] pour des muscovites riches en fer : E_1= 85kJ.mol^{-1} quand le mécanisme prépondérant est la nucléation et E_2= 380kJ.mol^{-1} quand la diffusion domine le processus de déshydroxylation.

Le type de mécanismes impliqué dans la réaction globale peut être discuté sur la base de la valeur du paramètre d'Avrami "n", qui est en relation avec le modèle cinétique. Mazucatto et al. [80] reportent une faible valeur de n (0,29) quand la vitesse de réaction est dominée par la diffusion unidirectionnelle de la molécule d'eau. La valeur de n change en fonction du temps et de la température pour chaque étape du processus de la réaction.

La réaction de déshydroxylation est un processus à 2 ou 3 étapes successives [76, 81, 82] comprenant : *(1)* La condensation de deux hydroxyles adjacents dans la couche octaédrique pour former la molécule d'eau ; *(2)* La diffusion mono-dimensionnelle de la molécule d'eau au travers les assemblages en anneaux de six tétraèdres dans la couche tétraédrique ; *(3)* La diffusion de la molécule d'eau formée dans la région interfoliaire pour atteindre la surface du minéral. Les données cinétiques confirment que la diffusion à une dimension est l'étape limitant la réaction. La diffusion de la molécule d'eau est contrôlée par la taille des cavités à six tétraèdres. Avec l'augmentation de la température et le déplacement relatif des tétraèdres lors des transformations structurales, la modification de la forme des assemblages de six tétraèdres favorise l'augmentation de la taille des cavités hexagonales et le départ des molécules d'eau via l'espace interfoliaire. Néanmoins, la durée importante de la réaction observée lors des analyses thermiques peut être due à la déformation des assemblages de feuillets dans les structures déshydroxylées.

Cette partie est consacrée à l'étude de la déshydroxylation de la muscovite en régime isotherme. Les expériences visent particulièrement à l'étude du comportement de larges plaquettes de muscovite pour déterminer les mécanismes impliqués pendant la réaction de déshydroxylation, en relation avec le processus d'exfoliation. Les données cinétiques avec des plaquettes de muscovite sont comparées avec celles obtenues avec une poudre finement broyée afin d'identifier les mécanismes associés à la taille des particules. Le processus de déshydroxylation a été suivi par ATG et ATD dans des conditions isothermes entre 700°C et 850°C et aussi en suivant des rampes de température entre 20°C et 1100°C.

Avec des conditions opératoires similaires (temps de palier, température), l'exfoliation des feuillets a été observée avec un dilatomètre optique (Misura). Une interprétation de la vitesse de réaction pendant la déshydroxylation des plaquettes de muscovite est proposée, en relation avec l'avancement du processus d'exfoliation.

VI.3. Etude expérimentale de la cinétique par thermogravimétrie

L'équation décrivant le bilan de la réaction de déshydroxylation de la muscovite Bihar s'écrit sous la forme :

Muscovite (>550°C) → $H_2O + (K_{0.93}Na_{0.11})(Al_{1.84}Fe_{0.09}Mg_{0.02}Ti_{0.02})(Si_{3.12}Al_{0.88})O_{11}$

La composition quasi-idéale de cette muscovite assure que les transformations thermiques sont très similaires à celles d'un minéral pur. Le pourcentage de perte de masse (4,42%) est équivalent à celui d'une muscovite idéale.

L'appareillage et le protocole expérimental ont été déjà décrits dans le paragraphe IV.1 de ce chapitre. L'utilisation des expériences isothermes (±1°C) dans l'intervalle de température de 700°C à 850°C a été interprétée avec l'équation de Jonhson-Mehl-Avrami (JMA, voir équation II.15 et II 16) et aussi par l'équation (II.24) de la page 46.

VI.4. Résultats

L'utilisation de la théorie JMA [$x=1-\exp(-(kt)^n)$] dans des conditions isothermes, permet l'obtention du paramètre d'Avrami "n" qui est lié aux mécanismes impliqués durant les différentes étapes de la déshydroxylation. Il faut rappeler que dans la théorie JMA, la vitesse de réaction k suit la loi d'Arrhenius (équation II.17).

Le tracé de l'évolution de la masse x des plaquettes de muscovite de dimension 4×4mm en fonction du temps t (min) dans des conditions isothermes (700, 735, 750, 775, 800 et 850°C) est présenté dans la figure II.10 (a). Il apparaît clairement que le temps nécessaire pour achever complètement la réaction de déshydroxylation dépend fortement de la valeur de la température.

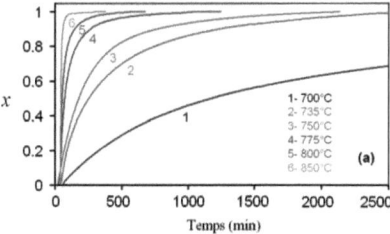 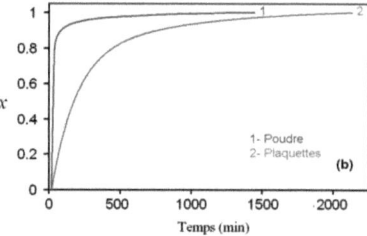

Figure II.10 : (a) Taux de transformation x des plaquettes de muscovite en fonction du temps, dans l'intervalle de température 700-850°C ; (b) Taux de transformation de plaquettes de muscovite en comparaison à celui de la poudre pour l'isotherme à 750°C.

L'isotherme à 750°C des plaquettes de muscovite est comparée à celle obtenue par la poudre dans la figure II.10 (b). Le temps nécessaire pour atteindre la déshydroxylation complète de la poudre de muscovite est le plus court. Cette courbe montre deux étapes de transformation qui sont clairement distinguables.

L'équation (II.18) [$\ln(-\ln(1-x)) = n\ln k + n\ln t$] a été utilisée pour l'obtention des paramètres n et k. La représentation expérimentale de cette équation met en évidence la succession de différentes étapes durant le processus complet de déshydroxylation (figure II.11).

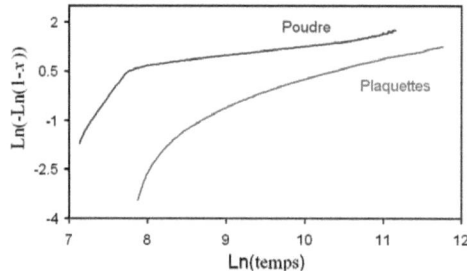

Figure II.11 : $\text{Ln}(-\ln(1-x))$ en fonction de $\ln(t)$ à 750°C pour les plaquettes et la poudre de muscovite.

La courbe obtenue avec la poudre permet de distinguer deux parties quasi-linéaires dont la pente est différente. Ces parties peuvent être assimilées à deux étapes différentes du processus global et les paramètres n et k pour chaque étape sont obtenus en utilisant l'équation (II.18). On remarque que la transition entre les deux segments correspond à une valeur élevée de x (~0,8).

Dans le cas des plaquettes (figures II.11 et II.12), l'existence de trois étapes successives peut être supposée.

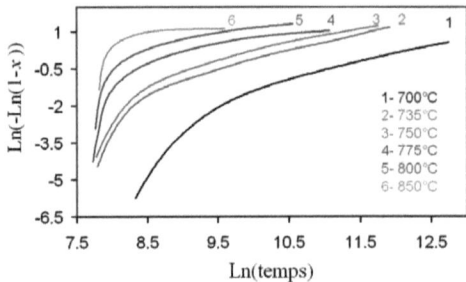

Figure II.12 : Ln(-ln(1-x)) en fonction de ln(t) des plaquettes de muscovite dans l'intervalle de température 700-850°C.

Tableau II.5 : Les valeurs de n et k calculées pour les étapes initiales, transitoires et finales de déshydroxylation en précisant les valeurs limites de x pour chaque étape.

		n	$k\ (10^{-5}\ s^{-1})$	R^2
700°C	0,00< x <0,05	3,40	4,82	0,99
	0,05< x <0,23	1,41	1,71	0,99
	0,23< x <0,85	0,64	0,73	0,99
735°C	0,00< x <0,12	3,58	14,56	0,98
	0,12< x <0,28	1,49	6,87	0,99
	0,28< x <1,00	0,68	3,81	0,99
750°C	0,00< x <0,20	3,61	16,05	0,97
	0,20< x <0,45	1,22	7,15	0,98
	0,45< x <1,00	0,59	6,76	0,99
775°C	0,00< x <0,24	4,82	25,30	0,98
	0,24< x <0,60	1,21	15,24	0,97
	0,60< x <1,00	0,39	21,12	0,94
800°C	0,00< x <0,45	4,93	29,96	0,98
	0,45< x <0,75	1,33	25,67	0,99
	0,75< x <1,00	0,41	73,58	0,97
850°C	0,50< x <0,80	3,64	37,01	0,97
	0,80< x <0,93	1,00	57,09	0,97
	0,93< x <1,00	0,35	348,12	0,97

Le tableau II.5 regroupe les différentes valeurs de n et k obtenues pour les étapes initiale, transitoire et finale de déshydroxylation. Les valeurs limites du degré d'avancement x sont tracées en fonction de la température dans la figure II.13.

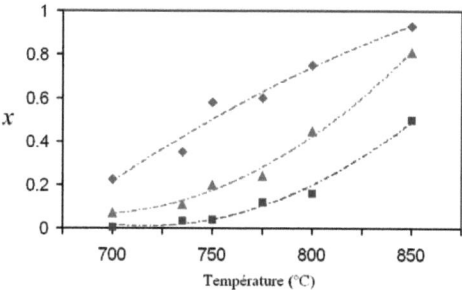

Figure II.13 : Valeurs limites de x pour les étapes de déshydroxylation initiale, transitoire et finale, en fonction de la température.

Les valeurs de k à différentes températures (tableau II.5) peuvent être utilisées dans l'équation d'Arrhenius pour l'obtention des valeurs de k_0 et de E. La figure II.14 met en évidence la variation quasi-linéaire de la vitesse de réaction en fonction de l'inverse de la température. Les valeurs d'énergie d'activation calculées à partir de la pente des droites sont reportées dans le tableau II.6 dans le cas de 7 valeurs significatives de x.

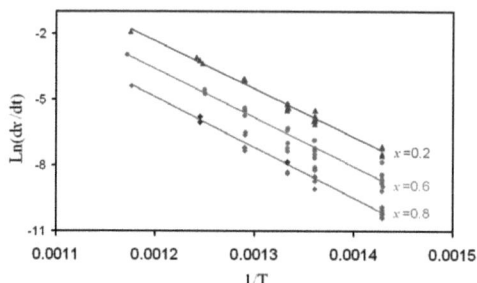

Figure II.14 : Tracé de l'équation d'Arrhenius dans l'intervalle de température 700-850°C pour des valeurs typiques de x.

Tableau II.6 : Valeurs d'énergie d'activation E obtenues à partir de l'équation d'Arrhenius en fonction du taux d'avancement x.

x	0,1	0,2	0,3	0,4	0,5	0,6	0,8
E (kJ.mol^{-1})	214,4	185,9	183,6	190,6	191,4	185,5	190,4

La limite des étapes de déshydroxylation dans le cas des plaquettes ne peut pas être clairement déterminée (figure II.12). Pour confirmer les résultats obtenus précédemment, on a utilisé l'équation (II.24) [$\frac{dx}{dt} = \sum_i A_i \exp(\frac{-t}{\tau_i})$] qui permet de calculer les constantes de temps de réaction et de confirmer les valeurs de E obtenues par la méthode JMA et l'équation d'Arrhenius.

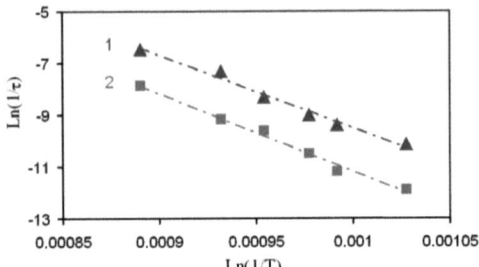

Figure II.15 : Tracé d'Arrhenius de τ_1 et τ_2 calculés à partir de 2 termes exponentiels de l'isotherme dx/dt

Le développement limité à 2 termes dans l'expression analytique de dx/dt en fonction du temps, permet l'obtention de valeurs significatives de τ_i et aussi une bonne approximation des données. Le tracé d'Arrhenius pour les constantes de temps, calculées à différentes températures donne les valeurs d'énergie d'activation pour chaque mécanisme de transformation. Dans la figure II.15, la dépendance de la température des 2 mécanismes (τ_1 et τ_2) est bien décrite par l'équation d'Arrhenius et les valeurs de k_1, k_2, E_1 et E_2 sont rapportées dans le tableau II.7.

Tableau II.7 : Vitesses de transformation et énergies d'activation obtenues à partir des 2 termes de l'expression exponentielle de l'isotherme dx/dt

	$k_1 (10^{-5} s^{-1})$	$k_2 (10^{-5} s^{-1})$	R^2
700°C	3,96	0,685	0,99
735°C	8,43	1,38	0,99
750°C	12,46	2,78	0,99
775°C	24,56	6,65	0,99
800°C	66,36	10,46	0,99
850°C	104,65	38,09	0,96
E_1, E_2/ kJ.mol^{-1}	E_1=233,3	E_2=250,56	0,98

Le phénomène d'exfoliation est caractérisé par dilatométrie jusqu'à 1000°C, en suivant 2 rampes de température (figure II.16). En utilisant une rampe lente de température (18°C.h^{-1}), l'exfoliation se produit à 720°C et l'épaisseur de couche augmente de manière significative pour atteindre 1,6 fois l'épaisseur initiale. En augmentant considérablement la rampe de température

(10°C.min⁻¹), la température de début d'exfoliation augmente d'environ 100°C. Néanmoins, on observe que pour ces deux vitesses de montée en température, l'intervalle de température entre le début et la fin du phénomène reste très étroit (<100°C).

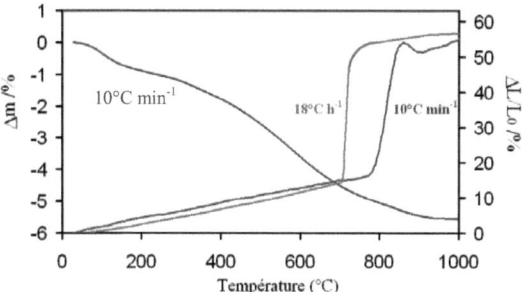

Figure II.16 : Dilatation de l'épaisseur des plaquettes de muscovite en fonction de la température, pour les rampes 18°C.h⁻¹ et 10°C.min⁻¹ avec un palier de 3h, en comparaison avec la courbe d'ATG lors d'une rampe de 10°C.min⁻¹.

La comparaison des courbes d'expansion avec la courbe de perte de masse montre la nécessité du départ de la majeure partie de l'eau avant le déclenchement de l'exfoliation. Bien qu'il semble que la pression de vapeur d'eau doit atteindre un seuil minimal pour que le phénomène devienne irréversible, il apparaît que la décohésion des feuillets n'est observée qu'après la diffusion d'une quantité importante de molécules d'eau.

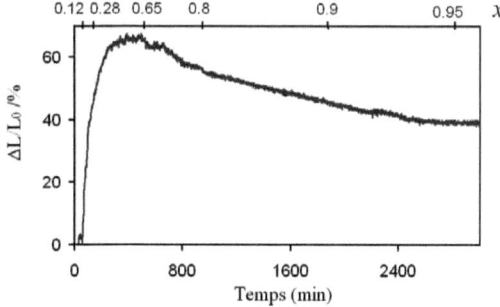

Figure II.17 : Dilatation des plaquettes de muscovite pendant l'expérience isotherme à 735°C présentant un palier de 55 heures.

En condition isotherme à 735°C, l'expérience de dilatation (figure II.17) montre que l'exfoliation commence rapidement. Après environ 30 minutes, la valeur de l'épaisseur des plaquettes atteint 1,3 fois l'épaisseur initiale et cela correspond à un taux de transformation de

$x=0,12$. L'exfoliation se termine après une durée d'environ 8 heures et 20 minutes et la valeur du degré d'avancement x dans ce cas correspond à 0,65. La variation d'épaisseur atteint une valeur maximum de 67% et diminue progressivement à 38%.

VI.5. Discussion

Les figures II.10 (a) et (b) montrent l'existence de deux étapes principales dans le processus de déshydroxylation, séparées par une étape de transition plus ou moins étendue. Pour la muscovite finement broyée, l'étape de transition est rapide, comme le montre la figure II.10 (b), mais avec les plaquettes, le processus de déshydroxylation est plus progressif.

L'interprétation de la théorie JMA donne des valeurs élevées de n (3,4-5,0) pour l'étape initiale et des valeurs plus petites (1,0-1,5) pour les étapes transitoires et finales (tableau II.5). Cela signifie que la condensation des hydroxyles prédomine dans un intervalle étroit du taux de transformation x, qui correspond à celui du début de la déshydroxylation. Au-delà de cette étape, les valeurs de n sont petites dans un grand intervalle de x. Cela montre que l'étape qui limite la réaction est la diffusion le long et à travers les plans des feuillets [**76, 80, 81, 82**], bien que des interprétations différentes aient été proposées relativement à la dimension des mécanismes de diffusion et aux interprétations physiques des phénomènes.

Les mécanismes existant pendant les étapes successives de déshydroxylation devraient être caractérisés par des valeurs différentes d'énergie d'activation. Les valeurs de ces dernières sont reportées dans le tableau II.6 et ne diffèrent pas significativement lorsque la valeur de x varie largement. L'intervalle des valeurs d'énergie d'activation (190-214kJ.mol^{-1}; tableau II.6) est réduit en comparaison de l'intervalle des données reportées par Kodama et Brydon. [**77**] et il est proche de la valeur moyenne (251kJ.mol^{-1}) calculée récemment par Mazzucato et al. [**40**]. Généralement, les valeurs d'énergie d'activation changent largement avec les conditions expérimentales (la nature d'atmosphère, la pression, etc.) et les méthodes expérimentales utilisées (ATD, ATG ou diffraction des rayons X).

Le tableau II.5 donne aussi la constante cinétique k_0 pour les trois étapes observées sur la figure II.10. En général, les valeurs de cinétique élevée correspondent à l'étape initiale de déshydroxylation et la cinétique est plus rapide quand la température de l'isotherme est plus grande. A 800°C et 850°C, les étapes transitoires et finales sont dans des marges restreintes de x et les valeurs de cinétique obtenues sont peu significatives. Les valeurs d'énergies d'activation peuvent être obtenues avec précision en employant l'équation (II.18) mais une erreur appréciable sur la valeur de k_0 peut se produire quand la régression linéaire est extrapolée à $t = 0$. Néanmoins, au-dessous de 800°C, nous avons obtenu des valeurs de k_0 conformes aux données de la littérature, c'est à dire de 0,38 à $8,0.10^{-5}\text{s}^{-1}$ pour des isothermes dans l'intervalle 760-860°C [40] et 1,11 à $214.10^{-5}\text{ s}^{-1}$ pour l'intervalle 650-900°C [83].

L'application de l'équation d'Arrhenius pour l'obtention des valeurs des énergies d'activation peut être remise en cause lorsqu'il y a une contribution de différents mécanismes dans le processus. L'utilisation de l'équation (II.24) permet l'obtention des paramètres cinétiques k_1 et k_2 (tableau II.7) et ces valeurs augmentent constamment avec la température. Ces données sont comparables à celles présentées dans le tableau II.5, exceptées celles relatives aux isothermes à 800°C et 850°C, qui sont obtenues avec peu de précision. La valeur élevée de k_1 par rapport à k_2 reflète la perte significative de masse au début de la déshydroxylation (figure II.9).

Durant la déshydroxylation, l'exfoliation se produit brusquement à des températures relativement basses (au-dessous de 850°C), mais le début de l'exfoliation dépend fortement de la rampe de montée en température (figure II.16). La comparaison de la courbe ATG et la courbe d'expansion des feuillets (figure II.16) montre la simultanéité de l'accélération de la perte de masse avec l'exfoliation au-dessus de 650°C. L'expansion atteint sa valeur maximum (~60%) à 820°C, pendant la dernière étape de la perte de masse. La cinétique très rapide de l'expansion indique que la diffusion est l'étape la plus lente de la réaction globale.

Pour les conditions isothermes à 735°C (figure II.17), l'exfoliation se produit rapidement au début de l'isotherme. Les valeurs limites de x de la figure II.12 mettent en évidence que le début de l'expansion commence à la fin de l'étape initiale et que la fin de l'expansion se termine à la fin de l'étape transitoire. Cela signifie que la valeur élevée de k_0 pendant l'étape initiale favorise le déclenchement de l'exfoliation. Pour des valeurs plus élevées de x (~0,65), la cinétique de la déshydroxylation est ralentie, entraînant la réduction significative de l'expansion.

Dès lors que la réaction de déshydroxylation inclut la dissociation d'un groupe hydroxyle pour libérer un proton et un ion d'oxygène et ensuite l'association du proton libre avec celui d'un groupe d'hydroxyle pour former la molécule d'eau, on peut considérer que la formation de l'eau peut se produire soit globalement soit dans des zones spécifiques. Il faut aussi considérer que la diffusion des protons est plus aisée que celle de l'eau en raison de leur différence de taille. D'autre part, les molécules d'eau dès lors qu'elles sont formées doivent se déplacer à travers une interface solide/gaz ce qui implique l'existence de phénomènes associés à leur déplacement.

Dans ce contexte, lorsque le taux de transformation est peu élevé, la perte de masse due au départ de l'eau n'étant pas associée à l'expansion des feuillets, on peut considérer que la recombinaison de l'eau est très probablement réalisée dans des zones proches de l'extérieur des cristallites. D'autre part, si on considère l'existence d'un processus de recombinaison de l'eau à l'échelle du cristal, la formation de l'eau doit se faire avec la même probabilité dans l'ensemble du volume. Cette affirmation est supportée par l'existence du phénomène d'exfoliation rapide lorsque le taux de transformation atteint une valeur suffisamment élevée. L'exfoliation est alors fortement corrélée avec la prédominance d'un mécanisme de diffusion dans le plan des feuillets. La progression d'un "front de recombinaison" de l'eau vers l'intérieur des cristallites favorise l'augmentation locale de la pression de vapeur d'eau, bien que le taux d'avancement de la réaction soit élevé.

VI.6. Conclusion

L'étude de l'analyse thermogravimétrique des plaquettes de muscovite pendant la déshydroxylation montre l'existence de deux étapes principales séparées par une étape de transition dont l'importance dépend de la taille des cristaux. Les deux étapes sont associées aux phénomènes de condensation des hydroxyles adjacents et à la diffusion de l'eau à travers et dans le plan des feuillets. La prédominance de l'un de ces mécanismes pendant chaque étape de déshydroxylation est mise en évidence par la valeur du paramètre d'Avrami n. On montre que ce paramètre diminue de ~ 4 à $\sim 0,4$ quand le degré d'avancement x de la réaction augmente, alors que la valeur de l'énergie d'activation qui est associée à la réaction globale ne dépend que peu de la valeur de x. A partir des valeurs de ces données on propose qu'un mécanisme de condensation des hydroxyles prédomine dans un intervalle étroit de x au début de la déshydroxylation, et que la diffusion devient ensuite le mécanisme qui limite la réaction. Simultanément, la cinétique de la réaction globale augmente fortement avec la température et diminue avec l'augmentation du degré d'avancement x. La vapeur d'eau créée in-situ favorise un phénomène d'exfoliation significatif des feuillets. L'amplitude de ce phénomène, quand x augmente, est liée au déplacement de la zone de condensation des molécules d'eau vers l'intérieur des assemblages de feuillets. L'expansion ne peut pas être facilement contrôlée en raison de la grande cinétique de ce phénomène dans un intervalle très étroit de température.

VII. REFERENCES BIBLIOGRAPHIQUES

[1] J. Cases et M. François, "Etude des propriétés thermodynamiques de l'eau au voisinage des interfaces", Agronomie 2 (10), 931-938, 1982.

[2] G. Brindley et J. Lemaître, "Thermal, Oxidation and reduction reactions of Clay Minerals", Chemistry of clays and clay minerals, ACD. Newman Eds., Mineral. Soc. Great Britain Monograph n°6, London, 319-370, 1987.

[3] L. Stoch, "Structural thermochemistry of solids", Therm. Acta. 148, 149-164, 1989.

[4] R. Pampuch, "Le mécanisme de déshydratation des hydroxydes et des silicates phylliteux", Bull. Group. Fran. Argil. 23, 107-118, 1971.

[5] J. Fripiat et F. Toussaint, "Predehydroxylation state of kaolinite", Nature 186, 627-628, 1960.

[6] H. Souza Santos et K. Yada, "Thermal transformation of talc as studied by electron-optical methods", Clays and Clay Minerals 36, 289-297, 1988.

[7] G. Brindley et R. Hayami, "Kinetic and mechanisms of dehydration and recrystallisation of serpentine", Clays Clay Minerals, Proc. Nat. Conf. 12, 35-47, 1964.

[8] S. Perrin, "Modélisation de la cinétique de transformations non isothermes et (ou) non isobares. Application à la déshydroxylation de la kaolinite et à la réduction de l'octooxyde de triuranium par l'hydrogène", Thèse de l'école nationale supérieure des mines de Saint-Étienne, N° d'ordre : 296CD, 2002.

[9] A. K. Galwey et M. E. Brown, "Thermal Decomposition of ionics solids", Thermochimica Acta 345, Elsevier, Amsterdam, p 187, 2000.

[10] B. Delmon, "Introduction à la cinétique hétérogène", Edition Technip. Paris, 1969.

[11] P. Barret, "Cinétique hétérogène", Gauthier Villars, Paris, 1973.

[12] M. E. Brown, D. Dollimore et A. K. Galwey, "Reactions in the solid state", Comprehensive Chemical Kinetics, Elsevier, Amsterdam 22, 340, 1980.

[13] P.W.M Jacobs et F.C. Tomkins, "Chemistry of the solid state", Butterworth, London, Chap.7, 1955.

[14] F.C. Tomkins, "Treatise on solid state chemistry", Hannay, New York, Vol. 4, Chap. 4, 1976.

[15] M. Soustelle, "Modélisation macroscopique des transformations physico-chimiques", Masson, Paris, 1990.

[16] A. K. Galwey et M. E. Brown, "Thermal Decomposition of ionics solids", Thermochimica Acta 345, Elsevier, Amsterdam, p 187, 2000.

[17] M. E. Brown, D. Dollimore et A. K. Galwey, "Reactions in the solid state", Comprehensive Chemical Kinetics, Elsevier, Amsterdam 22, 340, 1980.

[18] M. Soustelle et M. Pijolat, "Experimental methods useful in the kinetic modeling of heterogeneous reactions", Solid State Ionics 95, 33, 1997.

[19] J. H. Sharp, G. W. Brindley et B. N. N. Achar, "Numerical Data for Some Commonly-used [Solid State] Reaction Equations", J. Amer. Ceram. Soc. 49, 379-382, 1966.

[20] M. Avrami,. "Kinetics of Phase Change.: I General Theory ; II Transformation-Time Relations for Random Distribution of Nuclei et III. Granulation, Phase Change, and Microstructure Kinetics of Phase", Chem. Phys. 7, 1103-1112, 1939 ; 8, 212-224, 1940 et 9, 177-184, 1941

[21] W.A Johnson, R.F.Mehl, Trans.AIME, 135, 416, 1939

[22] H. Friedman, J. Polym. Sci. 6, 183-189, 1964-65

[23] S. Vyazovkin et I. Dranca, Macromol. Chem. Phys. 207, 20-25, 2006

[24] George W. Smith, "Precipitation kinetics in an air-cooled aluminium alloy : A comparison of scanning and isothermal calorimetry measurement methods", Thermochimica Acta 313, 27-36, 1998.

[25] G. Brindley, J. Sharp, J. Patterson et B.N.N. Achar, "Kinetics and mechanism of dehydroxylation processes : I. Temperature and vapor pressure dependence of dehydroxylation of kaolinite", Am. Miner. 52, 201-211, 1967.

[26] G.W. Brindley, M. Nakahira, "The kaolinite-mullite reaction series: I Survey of outstanding problems. II Metakolin. III The high temperature phase". J. Am. Ceram. Soc. 42, 311-324, 1959

[27] I. Horvath et G. Kranz, "A thermoanalytical study of high temperature dehydratation of kaolinites with various structural arrangements", Silikaty. 24, 194-156, 1980.

[28] J. Gniewek, "Réactivité des montmorillonites calcinées. Utilisation dans le génie civil", Thèse de Doctorat de l'Université de Lyon : INSA de Lyon, p.184, 1987.

[29] R.H. Meinhold, H. Atakul, T.W. Davies et R.T.C. Slade, "Flash calcinations of kaolinite : kinetics of isothermal dehydroxylation of partially dehydroxylated : flash calcines and flash calcinations itself ", J. Materials Chemistry. 2, 913-921, 1992

[30] R.H. Meinhold, S. Salvador, T.W. Davies et R.T.C. Slade, "A comparaison of the kinetics of flash calcinations of kaolinite in different calciners", Chemical engineering research and design. 72, 105-113, 1994

[31] A. Gualtieri, M. Bellotto, G. Artioli et S.M. Dark, "Kinetic study of the kaolinite-mullite reaction sequence. Part II: mullite formation", Physics and Chemistry of Minerals. 22, 215-222, 1995

[32] Yung-Feng Chen, Moo-Chin Wang et Min-Hsiung Hon, "Phase transformation and growth of mullite in kaolin ceramics", J. Eur. Ceram. Soc. 24, 2389-2397, 2004

[33] Sujeong Lee, Young Joong Kim, Hi-Soo Moon, "Phase transformation sequence from kaolinite to mullite investigated by an energy-filtering transmission electron microscope", J. Am. Ceram. Soc. 82, 2841-48, 1999

[34] A.K. Chakravorty, D.K. Ghosh, "Kaolinite–Mullite Reaction Series : The development and significance of a binary aluminosilicate phase", J. Am. Ceram. Soc. 74, 1401-1406, 1991

[35] E. Brown, Handbook of Thermal Analysis and Calorimetry, Elsevier, Amsterdam, 1998

[36] R.J. Pruett et H.L. Webb, "Sampling and analysis of KGa-1b well-crystallized kaolin source clay", Clays and Clay Minerals. 41, 514 – 549, 1993

[37] E. Papirer, A. Eckhardt, F. Muller et J. Yvon, "Grinding of muscovite: influence of the grinding medium", J. Material Science 25, 5109-5117, 1990

[38] M. J. Starink et P. J. Gregson, "A quantitative interpretation of DSC experiments on quenched and aged sicp reinforced 8090 alloys", Scripta Metallurgica and Materialia, 33, 893-900, 1995

[39] G. Nana Koumtoudji Lecomte, "Transformations thermiques, organisation structurale et frittage des composés kaolinite-muscovite", Thèse de doctorat de l'Université de Limoges, N°53, 2004

[40] E. Mazzucato, G. Artioli et A. Gualtieri, "High temperature dehydroxylation of muscovite-2M1 : a kinetic study by in situ XRPD", Phys. Chem. Minerals 26, 375-381, 1999

[41] G.W. Samsonov, The oxide Handbook, 2d. ed., IFI/ Plenum, N.Y. 1982

[42] I. Horvath, "Kinetics and compensation effect in kaolinite dehydroxylation", Thermochimica Acta. 85, 193-198, 1985

[43] S.A.T. Redfern, "The kinetics of dehydroxylation of kaolinite Clay minerals", 22, 447-456, 1987.

[44] M. Bellotto, A. Gualtieri, G. Artioli et S.M. Clark, "Kinetic study of the kaolinite-mullite reaction sequence. Part I : Kaolinite dehydroxylation", Physics and Chemistry of Minerals 22, 207 – 214, 1995

[45] P. Dion, J.F. Alcover, F. Bergaya, A. Ortega, P.L. Llewellyn et F. Rouquerol, "Kinetic study by controlled-transformation rate thermal analysis of the dehydroxylation of kaolinite", Clay minerals 33, 269-276, 1998.

[46] K. Nahdi, P. Llewellyn, F. Rouquérol, J. Rouquérol, N. K. Ariguib et M. T. Ayedi, "Controlled rate thermal analysis of kaolinite dehydroxylation : effect of water vapour pressure on the mechanism", Thermochimica Acta 390, 123-132, 2002.

[47] O. Castelein, B. Soulestin, J.P. Bonnet et P. Blanchart, "The influence of heating rate on the thermal behaviour and mullite formation from a kaolin raw material", Ceramics International 27, 517-522, 2001.

[48] Xingzhong Guo, Hui Yang et Ming Cao, "Nucleation and crystallization behavior of Li[2]O-Al[2]O[3]-SiO[2] system glass-ceramic containing little fluorine and no-fluorine", J. of Non-Crystalline Solids, 351, 2133-2137, 2005.

[49] V.M. Fokin, M.L.F. Nascimento et Edgar D. Zanotto, "Correlation between maximum crystal growth rate and glass transition temperature of silicate glasses", J. Non-Crystalline Solids 351, 789-794, 2005.

[50] F. Bergaya, P.Dion, J.F. Alcover, C. Clinard et D. Tchoubar, "TEM study of kaolinite thermal decomposition by controlled-rate thermal analysis", J. Materials Science 31, 5069-5075, 1996.

[51] D.A. Young, Decomposition of Solids, Pergamon Press, 1966.

[52] I. Horvath, "Entropy of activation as a possible structure-sensitive parameter in the dehydroxylation of kaolinite", Reactivity of Solids, Amsterdam 7, 173-181, 1989.

[53] M. Romero, J. Martin-Marquez et J. Ma. Rincon, "Kinetic of mullite formation from a porcelain stoneware body for tiles production", J. Eur. Ceram. 26, 1647-1652, 2006.

[54] S. Guggenheim, Y. Chang et A.K.V. Groos, "Muscovite dehydroxylation : High temperature studies", Am. Miner. 72, 537-550, 1987.

[55] S. Udagawa, K. Urabe et H Hasu, "The crystal structure of muscovite dehydroxylate", Japanese Association of Mineralogist, Petrologists, and Economic Geologists 69, 381-389, 1974

[56] S.G. Barlow et D.A.C. Manning, "Influence of time and temperature on reactions and transformations of muscovite mica", British Ceramic Transactions 98, 3, 122-126, 1999

[57] J. Eberhart, "Transformation de la muscovite par chauffage entre 700 et 1200°C", Bull. Soc. franc. Miner. Cristallogr. 86, 213-251, 1963.

[58] A. Nicol, "Topotactic transformation of muscovite under mild hydrothermal conditions", Clays Clay Miner. 12, 11-19, 1964.

[59] W. Vedder et R. Wilkins, "Dehydroxylation and rehydroxylation, oxidation and reduction of micas", Am. Miner. 54, 482-509, 1969.

[60] M. Catti, G. Ferraris, et G. Ivaldi, "Thermal strain analysis in the crystal structure of muscovite at 700°C" , Eur. J. Mineral. 1, 625-632, 1989.

[61] M. Nakahira, "Surface structures of dehydroxylated micas, phlogopite and muscovite, as observed by a phase-microscope", Am. Mineral. 50, 1432-1440, 1965.

[62] M. Nakahira, "Electron-microscopic observation of dehydroxylated micas", Am. Mineral. 51, 454-463, 1966.

[63] W. Vedder et R. Wilkins, "Dehydroxylation and rehydroxylation, oxidation and reduction of micas", Am. Miner. 54, 482-509, 1969.

[64] R. Wardle et G. Brindley, "The crystal structures of pyrophyllite, 1Tc, and of its dehydroxylate", Am. Miner. 57, 732-750, 1972.

[65] H. Taylor, "Homogeneous and inhomogeneous mechanisms in the dehydroxylation of minerals", Clay Miner. Bull. 5, 44-55, 1962.

[66] N. Brett, J.M. Kenzie et J. Sharp, "The thermal decomposition of hydrous layer silicates and their related products", Quart. Rev. Chem. Soc. 24, 185-207, 1970.

[67] F. Freund, "Infrarotspektren von $Mg(OH)_2$ bei erhöhtn Temperaturen", Spectrochimica Acta 26A, 195-205, 1969.

[68] A. Litovchenko, O. Ishutina et A. Kalinichenko, "Study of the reorientation mobility of O-H dipoles in layered silicates and aluminosilicates by the ^1H and ^{27}Al NMR method", Physica Status Solidi A 123, K57-K59, 1991.

[69] H.H. Klein, W.B. Stern et W. Weber, "On Physical and Chemical Properties of Ruby Muscovite used in the Electrical Industry", Schweiz. Mineral. Petrogr. Mitt. 62, 145-173, 1982

[70] Vladimir Hanykyr, Jana Ederova et Jiri Srank, "Thermogravimetric evaluation of the raw material for the micaceous paper production", Thermochimica Acta 93, 633-636, 1985.

[71] I.L. Lapides, "The influence of composition and fine structure on a thermographical characteristics of micas", J. Therm. Anal. Cal. 42, 197-206, 1994

[72] K.J.D. Mackenzie, I.W.M. Brown, C.M. Cardile et R.H. Meinhold, "The thermal reactions of muscovite studied by high-resolution solid--state 29−Si and 27−Al NMR", J. Mat. Sci. 22, 2645-54, 1987

[73] J.L. Pérez-Rodríguez, J. Pascual, F. Franco, M.C. Jiménez de Haro, A. Duran, V. Ramírez del Valle et L.A. Pérez-Maqueda, "The influence of ultrasound on the thermal behaviour of clay minerals", J. Eur. Ceram. Soc. 26, 747-753, 2006

[74] J. Holt, I. Cutler et M. Wadsworth, "Rate of thermal dehydration of muscovite", J. Am. Ceram. Soc. 41, 242-246, 1958.

[75] J. Holt, I. Cutler et M. Wadsworth, "Kinetics of the thermal dehydration of hydrous silicates", Clays Clay Miner. 12, 55-67, 1964.

[76] G.L. Jr. Gianes et W. Vedder, "Dehydroxylation of Muscovite", Nature (London, united Kingdom), 201 (4918), 495, 1964

[77] H. Kodama, J.E. Brydon, "Dehydroxylation of microcrystalline muscovite", Transactions of the Faraday Society, 64, 3112-3119, 1968

[78] P. Rouxhet, "Kinetics of dehydroxylation and of OH-OD exchange in macrocrystalline micas", Am. Miner., 55, 841-853

[79] I. L. Lapides, "Evaluation of kinetic parameters from a single TG curve based on the similarity theory and process symmetry", Journal of Thermal Analysis, 50, 269-277, 1997

[80] E. Mazzucato, G. Artioli, A. Gualtieri, "Dehydroxylation kinetics of muscovite 2M1", Materials Science Forum, 278-281, pp 424-429, 1998

[81] J. Kristof, I. Vassanyi, E. Nemecz et J. Inczédy, "Study of the dehydroxylation of clay minerals using continuous selective water detector", Thermochimica Acta, 93, 625-628, 1985

[82] I. Vassanyi and A. Szabo, Materials Science Forum, Vol. 133-136 (1993) 655-658

[83] E.A. Kalinichenko, A.S. Litovchenko, "The study of the kinetic and the mechanism of dehydroxylation in muscovite by ESR on Fe3+", Phys. Chem. Minerals, 24, 520-527, 1997

CHAPITRE III

Transformations structurales de la muscovite en fonction de la température, par diffraction de rayons X et de neutrons

I. INTRODUCTION *100*
II. TECHNIQUES ET METHODES *101*
   II.1. Muscovite étudiée 101
   II.2. Diffraction des rayons X et affinements Rietveld 102
      II.2.1. Appareillage 102
      II.2.2. Analyse des données par la méthode de Rietveld 103
   II.3. Diffraction de neutrons 106
      II.3.1. Appareillage 106
      II.3.2. Diffraction neutronique et affinement de structure par les courbes PDF 107
III. RAPPELS SUR LA STRUCTURE DE LA MUSCOVITE *109*
   III.1. Structure de la muscovite 109
   III.2. Evolution avec la température 109
IV. RESULTATS ET DISCUSSIONS *110*
   IV.1. Affinements par diffraction des rayons X 110
   IV.2. Organisation atomique de la couche octaédrique de la muscovite 118
   IV.3. Affinement par les fonctions de distribution de paires atomiques 120
   IV.4. Orientation des cristaux de mullite sur le réseau haute température de la muscovite 125
V. CONCLUSION *127*
VI. REFERENCES BIBLIOGRAPHIQUES *128*

I. INTRODUCTION

Les céramiques à microstructure orientée sont d'un grand intérêt pour de nombreuses applications dans les domaines électriques [1, 2, 3] et mécaniques [4]. L'une des méthodes de développement de ces microstructures consiste en la recristallisation in situ de grains anisotropes sur un substrat. Dans ce cas, la croissance orientée est obtenue par l'ajout de germes [5] ou par un phénomène d'épitaxie avec la microstructure du substrat [6, 7].

Récemment, Lecomte et Blanchart ont étudié la croissance des cristaux de mullite à l'interface des assemblages kaolinite-muscovite après traitement thermique entre 1000°C et 1050°C. Ils ont constaté que la croissance de la mullite est obtenue dans trois directions préférentielles [8, 9]. La possibilité d'obtention de matériaux micro-texturés de mullite par voie thermique devient ainsi faisable. Mais cela nécessite une étude détaillée des transformations de la muscovite en fonction de la température, ainsi que la maîtrise des différents éléments influençant les processus de nucléation et de croissance de la mullite.

De nombreuses études ont traité des comportements thermique et structural de la kaolinite. Lors de la déshydroxylation entre 500 et 650°C, c'est-à-dire lors de la formation de la métakaolinite, le départ des groupements OH internes et externes des couches octaédriques favorise un type particulier d'arrangement structural [10]. Il est caractérisé par un motif périodique pseudo-hexagonal dans le plan (a b) et cette organisation a été attribuée à la conservation des assemblages silicatés. Perpendiculairement au plan (a b), la métakaolinite est organisée en motifs plans qui peuvent résulter de la combinaison des feuillets déshydroxylés deux à deux [11].

Après déshydroxylation à T > 950°C, certains auteurs [12] proposent la formation de mullite à partir de zones localement riches en alumine, tandis que d'autres [13] proposent l'apparition d'une phase spinelle avant la mullite. En général, le chemin de transformation qui est suivi dépend surtout de la cristallinité du minéral de départ. Ensuite vers 1250°C, il y a formation de mullite aciculaire et de cristobalite.

Dans le cas de la muscovite, deux étapes principales peuvent être distinguées lors de l'élévation de la température. La première commence vers 700°C avec la déshydroxylation. Les analyses thermiques différentielles montrent des pics endothermiques de déshydroxylation assez larges [14] et il apparaît une relation entre la taille des cristaux de muscovite et le processus de départ des groupements hydroxyles. Les grands feuillets de muscovite montrent une déshydroxylation à relativement haute température, qui se termine vers 1100°C [15]. La deuxième étape est caractérisée par la formation de phases cristallines nouvelles.

Chimiquement, la réaction de déshydroxylation est très simple :

$$KAl_2(Si_3Al)O_{10}(OH)_2 \rightarrow H_2O + KAl_2(Si_3Al)O_{11}$$

Où la condensation de deux groupes hydroxyles forme une molécule d'eau : $2(OH) \rightarrow H_2O + O$. La simplicité apparente de cette réaction n'implique pas l'existence d'un processus homogène de déshydroxylation (voir chapitre II) puisque les études réalisées par spectrométrie Mössbauer [16], Infrarouge [17] et Résonance Magnétique Nucléaire (RMN) [18] mettent en évidence un processus non homogène. En général, ces études montrent que les pics relatifs aux environnements tétraédriques et octaédriques de la phase déshydroxylée qui est encore associée à la phase initiale, ont tendance à s'élargir et à décroître en intensité. Sur la base de ces résultats, les tentatives de corrélation des diagrammes de RMN et d'infrarouge avec les paramètres structuraux doivent être considérées comme peu significatives.

Dans ce contexte, il est souhaitable d'apporter de nouvelles informations sur les transformations structurales avec la température, afin de comprendre les relations d'épitaxie lors de la croissance de la mullite sur la forme haute température de la muscovite. A présent, la littérature indique les caractéristiques structurales de la muscovite déshydroxylée mais à des températures inférieures à 900°C, et généralement dans le cas de monocristaux. Dans cette partie d'étude, nous exposerons l'évolution structurale de la muscovite après traitement thermique à 650°C, 980°C et 1095°C par diffraction de rayons X et aussi par diffraction de neutrons après traitement à 1095°C. Ensuite nous présenterons la relation d'épitaxie lors de la croissance de la mullite sur la forme haute température de la muscovite.

II. TECHNIQUES ET METHODES

La détermination de la structure de la muscovite à différentes températures nécessite de combiner des informations obtenues par différentes techniques. Notamment, la structure des feuillets par diffraction des rayons X et d'autres caractérisations telles que l'analyse chimique, l'analyse thermique, la microscopie électronique à balayage et la diffraction de neutrons ont été utilisés.

II.1. Muscovite étudiée

La muscovite provient de la région du Bihar (Nord-est de l'Inde). Elle est sous la forme de grandes plaquettes (5×5cm). Ces plaquettes ont été broyées à la main, en employant un mortier et un pilon de dimensions adaptées au volume à broyer. Elles étaient ensuite tamisées en dessous de

63μm. Cette méthode assure le concassage des agglomérats et la séparation des cristallites. Les caractéristiques structurales de la muscovite à température ambiante ont été obtenues par analyse Rietveld* à partir d'un diffractogramme de poudre. Les paramètres de maille à température ambiante (tableau III.1) sont proches de ceux qui sont reportés dans la littérature pour la muscovite 2M$_1$ [19] et dans les fichiers JCPDS (en particulier le n°82-0576).

Tableau III.1 : Paramètres de mailles de la muscovite Bihar à température ambiante en comparaison avec ceux obtenus par Guggenheim et al [20].

Température (°C)	a (Å)	b(Å)	c(Å)	β(°)	V(Å^3)
20°C [20]	5,200(4)	9,021(7)	20,07(2)	95,71(7)	941,7(1)
20°C [Bihar]	5,1969(6)	9,021(1)	20,0554(7)	95,784(8)	935,47(15)

La caractérisation chimique quantitative a été réalisée par analyse ICP (Iris Plasma Spectrometer). Le résultat est présenté dans le chapitre I ainsi que la formule structurale qui a été calculée en considérant la présence de 11 atomes d'oxygène par unité structurale.

II.2. Diffraction des rayons X et affinements Rietveld

II.2.1. Appareillage

Les diagrammes de diffraction de rayons X de la muscovite Bihar à 20°C, 650°C, 980°C et 1095°C ont été obtenus à l'aide d'un montage Bragg-Brentano (Brüker AXS, Université de Limoges ; raie K$_{\alpha 1}$ du cuivre, 40kV, 30mA) à monochromateur arrière en graphite. Les diagrammes de diffraction ont été enregistrés entre 3 et 110° (2θ), avec un temps de comptage de 13 secondes par pas de 0,02°. Afin d'éviter au maximum les orientations préférentielles, le support d'échantillon a été entaillé d'une manière qu'il puisse être rempli avec la poudre de la muscovite broyée et tamisée (porte échantillon à remplissage vertical).

La détermination initiale du groupe d'espace de la muscovite Bihar à différentes températures a été effectuée à l'aide du logiciel "Chekcell" qui est un programme d'aide à l'indexation et à la proposition des groupes d'espace. Une méthode graphique permet de sélectionner une maille possible dans une liste de mailles, sur la base du meilleur accord visuel.

---

* *La méthode de Rietveld est une méthode d'analyse structurale. Elle a été développée en 1969 par le cristallographe néerlandais Hugo Rietveld. Cette méthode consiste à simuler un diffractogramme à partir d'un modèle cristallographique de l'échantillon, puis d'ajuster les paramètres de ce modèle afin que le diffractogramme simulé soit le plus proche possible du diffractogramme mesuré.*

II.2.2. Analyse des données par la méthode de Rietveld

L'affinement structural a été réalisé au moyen de la méthode de Rietveld à l'aide du programme Fullprof [21] à partir des diagrammes de poudre. Ce logiciel est un programme d'affinement de structures cristallographiques et magnétiques, de renommée mondiale. Ecrit et mis à jour régulièrement par Juan Rodriguez-Carvajal (C.E.A Saclay), ce programme Fortran lit un fichier de paramètres dont la complexité rebute souvent les nouveaux venus. Il tourne ensuite en mode batch et crée une série de fichiers de sortie qui sont utilisés pour la visualisation du résultat par d'autres logiciels. L'interface graphique utilisée est le programme WinPLOTR.

Cette méthode permet d'affiner les structures cristallines de nos échantillons à partir de leur diagramme de diffraction (de RX ou de neutrons) expérimental qui est comparé à un diagramme de diffraction théorique reconstitué. Elle est essentiellement basée sur une minimisation par la méthode des moindres carrés.

Il revient à l'utilisateur de Fullprof d'introduire un ensemble de paramètres qui décrivent précisément les conditions de calcul. Il choisit par exemple la forme de la raie (Gaussienne, Lorentzienne, Pseudo-Voigt...). La ligne de base peut être obtenue directement sur le diagramme expérimental, ou décrit par une fonction polynomiale.

Le grand nombre de paramètres à ajuster fait que certains d'entre eux doivent être affinés séquentiellement sous le contrôle de l'utilisateur. L'ordre de priorité lors des affinements par Fullprof a été le suivant :

- Facteur d'échelle.
- Position zéro : décalage de la position zéro du porte échantillon.
- Premier paramètre du bruit de fond (si le bruit de fond est décrit par un polynôme). Les points de bruit de fond ont été prélevés, aussi souvent que possible, directement sur le diagramme mesuré.
- Paramètres décrivant la forme du pied des pics (Coefficients de Caglioti).
- Paramètres de la maille cristallographique.
- Positions atomiques.
- Facteur général moyen de Debye-Waller décrivant l'effet de la température sur l'oscillation thermique des atomes.
- Taux d'occupation des sites atomiques
- Facteurs individuels d'agitation thermique.
- Paramètres prenant en compte l'orientation préférentielle des cristaux.

Les paramètres d'orientation ont aussi été affinés pour tenir compte de l'orientation résiduelle des plaquettes dans le porte échantillon. Néanmoins on remarque que les paramètres d'orientation présentés dans le tableau III.2 ont une valeur limitée par rapport à la valeur 90 qui signifie une orientation perpendiculaire des plaquettes.

Les pics ont été ajustés en utilisant une fonction de type pseudo-voigt, avec laquelle les contributions instrumentales et intrinsèques à la forme des raies sont décrites par la convolution d'une composante Lorentzienne et d'une composante Gaussienne. La largeur à mi-hauteur H (fonction de 2θ) des pics de diffraction a été évaluée par une fonction de type Caglioti [22] :

$$H = [Utg^2\theta + Vtg\theta + W]^{1/2} \tag{III.1}$$

Où U, V et W sont les paramètres à affiner. Les valeurs de ces derniers sont groupées dans le tableau III.2. Ces paramètres dépendent à la fois de la géométrie des composants du diffractomètre et de l'échantillon.

Pour affiner les structures cristallines à 20°C, 650°C et 980°C, nous avons utilisé les positions d'atomes et les paramètres de mailles publiés par Guggenheim et *al.*, ainsi que par Udagawa et *al.* [20, 23]. Ensuite, la structure obtenue à 980°C a été utilisée comme modèle initial pour affiner la structure à plus haute température (1095°C).

Nous avons utilisé trois facteurs de convergence définis dans le programme Fullprof, pour estimer la qualité des affinements :

- Facteur de profil pondéré: $\quad R_{exp} = 100 \left[\dfrac{n-p+c}{\sum_i w_i\, y_i^2} \right]^{0,5}$ (III.2)

- Facteur de Bragg: $\quad R_{Bragg} = 100 \, \dfrac{\sum_h |I_{obs,h}' - I_{calc,h}|}{\sum_h |I_{obs,h}'|}$ (III.3)

- Facteur R-cristallographique: $\quad R_F = 100 \, \dfrac{\sum_h |F_{obs,h}' - F_{calc,h}|}{\sum_h |F_{obs,h}'|}$ (III.4)

Où n est le nombre de pics de diffraction, p le nombre de paramètres, c le nombre de contraintes imposées sur la variation des paramètres p, y_i est l'intensité observée au pas i, w_i est le facteur de pondération assigné à chaque intensité, $F_{obs,h}$ et $F_{cal,h}$ sont respectivement les facteurs de structure observés et calculés au pas h.

Les valeurs des facteurs de convergence sont présentées dans le tableau III.2. Le facteur de Bragg définit l'accord entre l'intensité observée I_{obs} sur les pics de diffraction et les intensités calculées I_{calc} à partir du modèle structural. C'est le paramètre le plus sensible aux erreurs structurales.

Tableau III.2 : Détails des affinements Rietveld

Température		20°C	650°C	980°C	1095°C
Longueur d'onde (Å)		1,5406	1,5406	1,5406	1,5406
Gamme angulaire 2θ (°)		3-100	3-120	3-120	3-120
Pas de comptage (°)		0,03	0,03	0,02	0,02
Nombre de réflexions		571	779	826	797
Nombre des paramètres affinés		45	46	43	51
Nombre d'atomes		10	10	10	10
Ligne de base		Polynôme			
Paramètres de Caglioti	U	0,2804	0,1294	0,3265	1,3325
	V	-0,0883	0,0028	-0,0424	-0,0171
	W	0,0127	0,0049	0,0073	0,0886
Facteur d'orientation	[001]	-7,5	-21,2	-21	-7,3
Convergence					
R_{exp} (%)		4,38	6,42	3,64	4,28
R_{Bragg} (%)		7,94	6,98	6,48	19,2
R_{wp} (%)		21,0	15,2	12,2	9,63

Pour aider le programme à converger à hautes températures (650°C, 980°C et 1095°C), nous avons contraint les distances inter-atomiques des atomes mentionnées dans le tableau III.3.

Tableau III.3 : Contraintes des distances inter-atomiques appliquées dans l'affinement des structures cristallines à 980°C et 1095°C

Nom d'atomes		Rotation/ opérateur de symétrie	Translation			Distance requise (Å)	Écart type / Distance
			T_1	T_2	T_3		
Al	O_4	1	0,000	-1,000	0,000	1,900	0,010
Al	O_4	-1	1,000	1,000	0,000	1,900	0,010
Al	O_5	1	0,000	0,000	0,000	1,900	0,010
Al	O_5	-1	0,500	0,500	0,000	1,900	0,010
Al	O_6	1	0,000	0,000	0,000	1,700	0,010
Si_1	O_1	1	0,000	1,000	0,000	1,640	0,001
Si_1	O_2	1	0,000	0,000	0,000	1,640	0,001
Si_1	O_3	1	0,500	0,500	0,000	1,640	0,001
Si_1	O_4	1	0,000	0,000	0,000	1,640	0,001
Si_2	O_1	1	0,000	0,000	0,000	1,640	0,001
Si_2	O_2	1	0,500	-0,500	0,000	1,640	0,001
Si_2	O_3	1	0,000	0,000	0,000	1,640	0,001
Si_2	O_5	1	0,000	0,000	0,000	1,640	0,001

II.3. Diffraction de neutrons

Des expériences de diffraction de neutrons ont été réalisées afin de compléter le modèle structural obtenu par DRX à 1095°C et pour préciser la distribution des positions des atomes d'oxygène.

La muscovite haute température présente une structure peu ordonnée à l'échelle de quelques distances inter-atomiques. Il en résulte que les informations structurales obtenues à partir des pics de diffraction sont limitées par l'importance relative du fond diffus des diagrammes. Pour cette raison, nous considérerons la partie diffuse des diagrammes de diffraction de poudres, qui contient aussi des informations sur l'arrangement structural.

II.3.1. Appareillage

Les mesures de diffraction de neutrons ont été réalisées à température ambiante sur le spectromètre 7C2, au Laboratoire Léon Brillouin (LLB, Orsay France) avec la collaboration de Mme B. Beneu. L'appareil 7C2, implanté sur la source chaude du réacteur Orphée, est un spectromètre à 2-axes. Il est principalement destiné à l'étude de l'ordre local des systèmes désordonnés, liquides ou amorphes. L'énergie élevée des neutrons incidents permet d'une part un large intervalle de vecteurs de diffusion (0,6 – 15,6A^{-1}) et d'autre part de minimiser les processus inélastiques. L'intensité diffusée est mesurée au moyen d'un multidétecteur, composé de 640 cellules, couvrant 128° par pas de 0,2°. La distance échantillon-détecteur est de 1,5m.

L'échantillon a été placé dans une enceinte à vide cylindrique (ϕ 0,8×0,5 cm) et la longueur d'onde incidente est 0,581Å.

Le spectromètre 7C2 est contrôlé par un micro-ordinateur de type PC qui assure également le contrôle de la température (four, cryogénérateur ou cryostat) et à l'ambiante, le changement automatique d'échantillon [24].

II.3.2. Diffraction neutronique et affinement de structure par les courbes PDF

Lors de l'interaction neutrons-matière, les neutrons sont diffusés ou absorbés par la matière. La section efficace de diffusion est généralement prépondérante. Les neutrons sont très peu absorbés par la plupart des matériaux, ce qui permet l'étude d'un volume important de la matière (quelques mm^3 à quelques cm^3). La diffusion est dite élastique si le neutron conserve la même énergie au cours de la diffusion, elle est dite inélastique dans le cas contraire. L'intensité diffusée s'exprime en fonction de l'angle de diffusion θ (($\vec{k_i},\vec{k_f}$)=2θ) ou du module du vecteur de diffusion

$$Q = |\vec{k_f} - \vec{k_i}| = 4\pi \frac{\sin\theta}{\lambda} \qquad (III.5)$$

$\vec{k_i}$ et $\vec{k_f}$ sont les vecteurs d'onde des neutrons respectivement avant et après diffusion.

La fonction réduite de distribution de paires atomiques $G(r)$ est la fonction de corrélation instantanée densité de numéro atomique-densité, qui décrit l'arrangement atomique au sein d'un composé. Elle résulte de la transformée de Fourier du facteur de structure expérimental, $S(Q)$ donné par la relation suivante :

$$G(r) = 4\pi [\rho(r) - \rho_0] = (\frac{2}{\pi}) \int_{Q=0}^{Q_{max}} F(Q)\sin(Q_r)dQ \qquad (III.6)$$

Où $F(Q) = Q[S(Q)-1]$; $\rho(r)$ et ρ_0 sont respectivement les densités de numéro atomique local et moyen ; Q représente l'amplitude du vecteur d'onde.

Le facteur de structure $S(Q)$ comporte à la fois les pics de diffraction (interférences constructives des ondes diffusées) et la partie diffuse du diagramme de diffraction, la transformée de Fourier de cette dernière composante constitue donc la fonction de distribution des paires atomiques (atomic Pair Distribution Function ou PDF) et reflète l'organisation locale et moyenne des atomes dans la structure considérée [25]. Cette fonction PDF est particulièrement sensible à l'ordre atomique à courte distance, car les intensités diffusées sont moyennées par leurs vecteurs d'onde $\vec{Q}$. D'où l'utilisation des courbes PDF pour la caractérisation des composés au sein desquels existent localement des déviations par rapport à la structure globale.

La technique d'analyse par les fonctions de distribution de paires atomiques se rapproche de l'affinement Rietveld des diagrammes de diffraction de poudres. La simulation PDF du profil global commence par la sélection d'une cellule élémentaire équivalente à la structure cristalline moyenne étudiée. Par la suite, une courbe PDF modèle est calculée puis comparée à la courbe expérimentale. Les paramètres de structure tels que les constantes de la cellule élémentaire, les positions atomiques et les facteurs thermiques sont modulés de façon à améliorer la concordance entre les courbes PDF calculées et expérimentales. L'affinement est achevé lorsque l'ensemble des détails importants de la courbe expérimentale est correctement reproduit. Le facteur de corrélation généralement utilisé pour estimer la réussite de l'affinement de structure est R_{wp}, dont l'expression est donnée par l'équation (III.7).

$$R_{wp} = \left[\frac{\sum w_i (G_i^{exp} - G_i^{calc})^2}{\sum w_i (G_i^{exp})^2} \right]^{0,5} \tag{III.7}$$

Où G_{exp} et G_{calc} représentent respectivement les fonctions PDF expérimentale et calculée, w_i étant les facteurs de pondération reflétant la qualité statistique de chaque point.

Des corrections habituelles ont été faites sur les données brutes en ce qui concerne le détecteur, le bruit de fond, l'absorption de l'échantillon et les diffusions multiples pour obtenir la fonction de structure normalisée $S(Q)$. Ces corrections ont été réalisées à l'aide du logiciel GO appartenant au laboratoire LLB (Saclay).

La courbe PDF expérimentale a été utilisée pour recalculer la structure obtenue par affinement Rietveld à 1095°C, en utilisant le programme PDFFIT [26] qui applique un profil d'affinement avec une méthode de régression par les moindres carrés. Il est alors possible d'obtenir une structure modèle sans imposer des contraintes liées à la symétrie du groupe d'espace. Ainsi, les analyses de structures globales et locales peuvent être effectuées avec la même série de données car les courbes PDF reflètent à la fois la structure atomique locale et moyenne du matériau considéré. Elles sont sensibles à l'arrangement atomique à courte distance et permettent d'affiner la caractérisation des composés dans lesquels il existe localement des écarts par rapport à la structure globale.

PDFFIT utilise aussi quelques fonctions cristallographiques pour le calcul des longueurs et des angles de liaisons. Il permet aussi de limiter les déplacements de certains atomes si cela apparaît nécessaire dans l'affinement.

III. RAPPELS SUR LA STRUCTURE DE LA MUSCOVITE

III.1. Structure de la muscovite

La muscovite (comme mentionné dans le chapitre I ; p. 19) est un phyllosilicate de structure **TOT** appartenant au groupe des micas. Elle est formée par un empilement de feuillets et chaque feuillet constitué par une couche formée d'assemblages d'octaèdres (**O**) prise en sandwich entre deux couches formées d'assemblages de tétraèdres (**T**). En général, les tétraèdres de couches successives sont décalés, ce qui provoque des défauts d'empilement et au lieu d'avoir une structure hexagonale, on a une structure monoclinique. La muscovite présente plusieurs polytypes dont le plus stable est le polytype $2M_1$. La couche tétraédrique est composée de tétraèdres de SiO_4 (Al peut parfois se substituer à Si) associés en feuillets. Chaque tétraèdre partage 3 de ces 4 atomes d'oxygène avec 3 autres tétraèdres. Le quatrième sommet de chaque tétraèdre assure la liaison avec un cation de la couche octaédrique. Les oxygènes apicaux tétraédriques sont partagés avec la couche octaédrique mais cette dernière possède aussi des groupements OH. La substitution partielle des ions silicium en site tétraédrique par les ions aluminium entraîne un déficit de charge du feuillet qui est compensé par la présence d'ions alcalins K^+ dans l'espace interfoliaire. Cette situation conduit à une distance basale du feuillet élémentaire comprise entre 9,9 et 10,1Å (figure I.7 du Chapitre I ; p.20).

III.2. Evolution avec la température

Plusieurs auteurs [27, 28, 29, 30, 31] indiquent que les paramètres de maille de la muscovite augmentent avec la déshydroxylation et que la plus grande augmentation est selon l'axe $\vec{c}$. L'accroissement plus élevé du paramètre c serait dû à la dilatation de la liaison K-O [30].

Eberhart [27] propose une structure en feuillets modifiés où les couches tétraédriques conservent leur organisation mais dans laquelle les couches octaédriques sont modifiées. En établissant une transformée de Fourier à une dimension, Eberhart montre que l'oxygène résiduel migre et vient se placer dans la couche octaédrique au niveau des cations en position médiane par rapport aux anciens OH$^-$. L'oxygène est ainsi partagé entre deux aluminiums de la couche octaédrique. Ces résultats sont confirmés par les travaux de Guggenheim et *al.* [20] et de Mazzucato et *al.* [31]. Il se forme alors des chaînes d'octaèdres AlO_6 plus ou moins déformées [27]. Wardle et Brindley [32] ont conclu à l'existence d'aluminiums penta-coordonnés dans la pyrophyllite déshydroxylée. La muscovite ayant une structure proche de la pyrophyllite, ils ont suggéré que la muscovite déshydroxylée subit probablement les mêmes changements structuraux. Plus récemment, des simulations de phases transitoires de muscovite déshydroxylée ont montré que des atomes d'aluminium penta-coordonnés et hexa-coordonnés pouvaient être voisins au sein de la structure [20]. L'aluminium en position penta-coordonné se trouve dans un arrangement de type bipyramide trigonal qui est similaire à celui trouvé dans la forme déshydroxylée de la pyrophyllite [32]. La coexistence de cations penta et hexa-coordonnés au cours de la réaction induit l'existence d'atomes d'oxygène avec différentes charges de saturation et une variété de sites déformés d'aluminium. Contrairement aux autres auteurs [20, 27], Gualtieri et al. [33] ont proposé une déshydroxylation avec une transition polytypique $2M_1 \rightarrow 1M$. Par contre les résultats sur la structure déshydroxylée de la muscovite utilisée par Mazzucato et al. [31] sont en accord avec une forme déshydroxylée de type $2M_1$ comportant des aluminiums penta-coordonnés. Le changement de coordination de l'aluminium ($Al^{VI} \rightarrow Al^{V}$) provoque la déformation de la couche octaédrique et une rotation des tétraèdres.

Dans cette étude, nous présenterons dans un premier temps, les modifications qui interviennent dans le réseau de la muscovite Bihar après le départ de l'eau et juste avant la disparition du réseau. Nous précisons aussi la structure des phases anhydres obtenues à 650°C, 980°C et 1095°C. Dans un deuxième temps, nous étudierons les relations structurales entre les nouvelles phases cristallines formées (notamment la mullite) et la forme structurale haute température de la muscovite.

IV. RESULTATS ET DISCUSSIONS

IV.1. Affinements par diffraction des rayons X

Les phyllosilicates de type 2:1 dioctaédriques, dont la muscovite, lorsqu'ils sont chauffés au-dessus d'une certaine température (entre 500°C et 900°C) voient leur structure modifiée par le départ des groupements OH^-. Il s'agit de la réaction de déshydroxylation. Pour chaque maille, la liaison de 4 groupes hydroxyles OH^- est rompue et le déplacement des protons des groupes OH^- vers les groupes voisins permet la formation de molécules d'eau. Ce processus libère 2 oxygènes appelés oxygènes résiduels O_r^{2-}, selon la réaction : $4\ OH^- \rightarrow 2\ H_2O \uparrow + 2\ O_r^{2-}$. On considère que l'étape initiale de la déshydroxylation forme une phase anhydre, dont la structure est peu modifiée. La maille reste monoclinique malgré le départ de 2 molécules d'eau par maille et l'augmentation des paramètres de maille (tableau III.4). Les études par DRX de poudres permettent à la fois la caractérisation des paramètres cristallographiques (détermination des paramètres a, b, c et β) et de faire une première description de l'organisation structurale. Cette méthode permet aussi de déterminer la nature de l'empilement des feuillets en considérant le paramètre $t = c/a \cos \beta$. Le paramètre t, qui caractérise le déplacement relatif entre deux feuillets consécutifs, informe d'une manière générale si le minéral est principalement constitué de feuillets dont la nature est *trans*-vacante : $|t| > 1/3$ ou *cis*-vacante cv : $|t| < 1/3$ [34]. Dans notre cas, l'analyse des diagrammes confirme le caractère trans-vacant de la muscovite chauffée jusqu'à 980°C (tableau III.4) †.

Tableau III.4 : Paramètres de mailles de la muscovite Bihar à différentes températures

Température (°C)	a (Å)	b (Å)	c (Å)	β (°)	V (Å^3)	t
20°C	5,1969(6)	9,021(1)	20,0554(7)	95,784(8)	935,47(15)	0,39
650°C	5,1969(4)	9,0195(7)	20,068(1)	95,779(5)	935,86(11)	0,39
980°C	5,2179(3)	9,1851(5)	20,2299(4)	95,755(4)	964,69(7)	0,39
1095°C	5,155(8)	8,820(19)	20,205(2)	93,36(8)	917 (4)	0,25

Pour commencer l'affinement avec Fullprof à 650°C et 980°C, les structures décrites par Guggenheim et *al.* (à 650°C) [20] et Udagawa et *al.* (à 900°C) [23] ont été respectivement utilisées. Le logiciel Chekcell, nous a permis de constater que le groupe d'espace approprié à différentes températures est C2/c ; ce groupe d'espace est celui qui a été utilisé par les auteurs cités ci-dessus. Lors des affinements avec Fullprof, les facteurs d'agitation thermique ont été contraints de façon à être identiques pour les mêmes espèces atomiques. Certaines distances inter-atomiques ont été restreintes afin d'aider le programme Fullprof à converger ; il s'agit des distances entre les atomes constituants les environnements tétraédriques et octaédriques (tableau III.3). Pour la muscovite à 650°C, les 4 liaisons Si-O et les 6 liaisons Al-O ont été restreintes. A plus hautes températures (980°C et 1095°C), seules les liaisons Si-O ont été restreintes. Il en a résulté l'observation du changement progressif du nombre de coordination de l'aluminium qui passe de 6 à 5 simultanément à la variation des longueurs des liaisons Al-O, à partir de 980°C. A ces températures, les propriétés physiques caractéristiques de la structure de la muscovite disparaissent, en particulier la translucidité, la résistance mécanique élevée et la possibilité d'un clivage (001). Le minéral devient alors très cassant et facile à broyer.

---

† Dans les phyllosilicates 2:1 dioctaédriques, la maille plane centrée ($\vec{a},\vec{b}$) peut a priori, appartenir à deux groupes de symétrie différents suivant la position des cations octaédriques par rapport aux groupes OH⁻. Les cavités vacantes sont entourées par six octaèdres occupés par des cations. Ces octaèdres sont séparés par une arête de longueur plus courte que celle séparant un octaèdre occupé d'un octaèdre vide (écrantage de la répulsion entre cations octaédriques). Pour cette raison, les cavités occupées sont de dimensions plus petites que celles des cavités vides. Si les deux cations sont de part et d'autre du groupe hydroxyle, ils sont en configuration "*cis*" et la cavité vide est en configuration "*trans*". La maille est dite *trans-vacante*. Au contraire, si la cavité vide est en cis1 ou cis2, alors l'un des deux cations est en configuration "*cis*" et l'autre en configuration "*trans*" : la maille est *cis-vacante*.

Des raies de faibles intensités sont constatées sur les diagrammes de DRX des formes basses températures, dont on peut supposer qu'elles correspondent aux raies principales du carbone issu du cycle géochimique de formation de la muscovite (1,54Å, 1,67Å et 3,35Å). Pour 1095°C, il se forme des nouvelles phases, dont la majeure partie est peu ordonnée structuralement. Déjà à 980°C, les quelques réflexions les plus intenses sont déjà visibles, dont certaines sont dues à la présence d'une faible quantité (~0,1% en volume) d'une phase similaire à une alumine de transition (δ-Al_2O_3, groupe d'espace Fd-3m). La formation d'une phase similaire par nucléation à partir de la couche octaédrique a déjà été publiée par Barlow et Manning [35] et les caractéristiques structurales de la phase formée dans nos matériaux sont similaires à celle reportée par Eberhart [27].

Pour commencer l'affinement de la structure de la muscovite calcinée à 1095°C, les paramètres structuraux de la muscovite obtenus à 980°C ont été utilisés. Les résultats d'affinement montrent la diminution des largeurs de pics de la muscovite (valeurs du facteur U lié à la largeur à mi-hauteur des pics, présentées dans le tableau III.2) et une variation significative du fond continu due à la présence de phases faiblement ordonnées. Les phases minoritaires formées à 1095°C ont des caractéristiques similaires à la phase δ-Al_2O_3 (~0,5% en volume). Un affinement plus détaillé des profils suggère la présence de 3 phases similaires à δ-Al_2O_3, mais avec des paramètres structuraux différents. La recherche des phases mentionnées dans le système ternaire SiO_2-Al_2O_3-K_2O (Annexe 2), soient la sanidine, la leucite et l'orthoclase ne permet pas la convergence des affinements. Néanmoins, la coexistence de ces phases avec la forme haute température de la muscovite reste envisageable, étant donné les similarités entre leurs groupes d'espace (C2/m) pour les phases de types feldspaths) et leurs compositions chimiques. D'ailleurs, certains auteurs [27, 34] mentionnent la présence de l'orthoclase et de la leucite dans les muscovites qu'ils ont étudié. On remarque que dans ces études, les cycles thermiques et les compositions chimiques des muscovites sont différents de ce que nous avons utilisé, ce qui peut être favorable une accélération de la cinétique de recristallisation.

Les profils d'affinements Rietveld de la muscovite à 20°C et après calcination à 650°C, 980°C et 1095°C sont typiquement ceux de la muscovite de type $2M_1$ (groupe d'espace C2/c). La figure III.1 (a-d) montre les affinements de la muscovite Bihar aux températures utilisées.

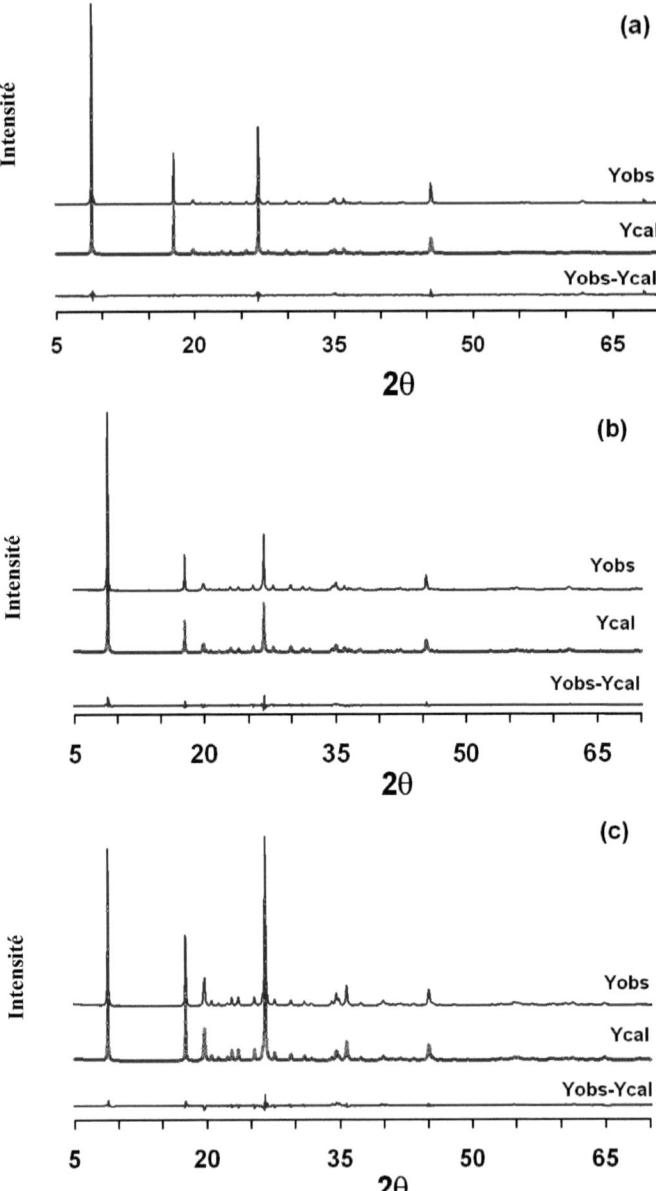

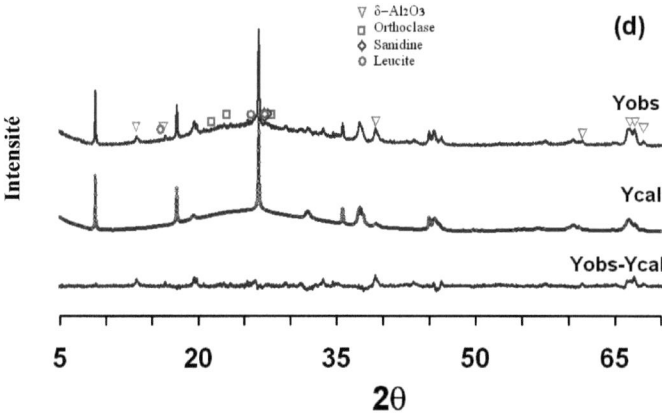

Figure III.1 : Affinements Rietveld des diagrammes de diffraction de rayons X sur poudre de la muscovite Bihar : à 20°C (a), 650°C (b), 980°C (c) et 1095°C (d)

Les paramètres des affinements sont récapitulés dans le tableau III.2. Le point important est la valeur élevée des facteurs de convergence, surtout à 1095°C. Cela peut être expliqué par la quantité importante de phase amorphe révélée par la forme du fond continu ainsi que par le nombre important des paramètres à affiner en présence des nouvelles phases (similaires à δ-Al_2O_3). Le nombre de paramètres à affiner doit être apprécié en relation avec l'aspect des spectres qui ne présentent que peu de réflexions significatives, ce qui réduit le nombre d'informations disponibles et pourtant nécessaires à la bonne convergence des affinements.

Tableau III.5 : Positions des atomes et facteurs d'agitation thermiques de la muscovite Bihar, à 20°C, 650°C, 980°C et 1095°C, obtenus à partir des affinements des diagrammes DRX

Atomes	x	y	z	B_{iso}	Taux d'occupation
		20°C			
K	0,0	0,087(2)	0,25	1,9(3)	0,45
Al	0,251(3)	0,0737(17)	0,0008(5)	3,33(13)	
T(1)	0,477(3)	0,9290(15)	0,1327(3)	3,33(13)	
T(2)	0,466(2)	0,2587(14)	0,1302(3)	3,33(13)	
O(1)	0,447(5)	0,0958(17)	0,1706(6)	1,80(15)	
O(2)	0,261(3)	0,820 (2)	0,1678(6)	1,80(15)	
O(3)	0,241(3)	0,347(3)	0,1701(6)	1,80(15)	
O(4)	0,456(5)	0,934(4)	0,0490(3)	1,80(15)	
O(5)	0,406(5)	0,249(3)	0,0501(3)	1,80(15)	
OH	0,464(5)	0,582(4)	0,0565(6)	1,80(15)	

		650°C			
K	0,0	0,0949(17)	0,25	1,1(3)	0,37
Al	0,2333(17)	0,0788(12)	-0,0011(5)	0,45(5)	
T(1)	0,4644(17)	0,934(1)	0,1361(3)	0,45(5)	
T(2)	0,4565(16)	0,2653(10)	0,1297(8)	0,45(5)	
O(1)	0,419(2)	0,1064(14)	0,1666(5)	1,28(12)	
O(2)	0,259(2)	0,8086(14)	0,1535(6)	1,28(12)	
O(3)	0,235(2)	0,3549(16)	0,1689(5)	1,28(12)	
O(4)	0,454(3)	0,9414(19)	0,0514(5)	1,28(12)	
O(5)	0,399(3)	0,2469(19)	0,0479(6)	1,28(12)	
OH	0,447(3)	0,592(2)	0,0522(6)	1,28(12)	
		980°C			
K	0,0	0,1001(10)	0,25	2,2(3)	0,35
Al	0,2751(11)	0,0958(7)	0,0042(3)	0,9(1)	
T(1)	0,4747(11)	0,9328(8)	0,1314(2)	0,7(1)	
T(2)	0,4487(10)	0,2569(8)	0,1407(2)	0,4(1)	
O(1)	0,4139(18)	0,0828(12)	0,1685(4)	2,5(1)	
O(2)	0,2569(17)	0,8219(10)	0,1536(4)	2,5(1)	
O(3)	0,2408(18)	0,3767(11)	0,1701(4)	2,5(1)	
O(4)	0,5038(19)	0,9581(11)	0,0510(3)	2,5(1)	
O(5)	0,3616(19)	0,2495(13)	0,0604(3)	2,5(1)	
O_R	0,0	0,0	0,0	2,5(1)	
		1095°C			
K	0,0	-0,137(15)	0,25	3,3(8)	0,35
Al	0,265(7)	0,093(4)	-0,0016(14)	6,7(7)	
T(1)	0,487(3)	0,936(2)	0,1339(7)	6,7(7)	
T(2)	0,461(3)	0,2586(19)	0,1377(7)	6,7(7)	
O(1)	0,415(8)	0,0900(6)	0,170(1)	8,6(8)	
O(2)	0,256(9)	0,8240(5)	0,1540(4)	8,6(8)	
O(3)	0,248(6)	0,3701(7)	0,1698(6)	8,6(8)	
O(4)	0,478(8)	0,9605(2)	0,053(7)	8,6(8)	
O(5)	0,351(1)	0,2434(3)	0,0590(4)	8,6(8)	
O_R	0,0	0,0	0,0	8,6(8)	

Les positions des atomes et les facteurs d'agitation thermique de la muscovite Bihar sont groupés dans le tableau III.5. Les résultats obtenus à 20°C et 650°C sont similaires à ceux reportés par la littérature aux mêmes températures [20]. On voit que la déshydroxylation induit la déformation du réseau de la muscovite et qu'il en résulte l'élargissement des pics de diffraction.

Tableau III.6 : Distances inter-atomiques entre les atomes de silicium, d'aluminium et d'oxygène, de la muscovite Bihar à 20°C, 650°C, 980°C et 1095°C

	20°C	*650°C*	*980°C*	*1095°C*
Si_1-O_1	1,701	1,694	1,645	1,642
Si_1-O_2	1,697	1,618	1,693	1,643
Si_1-O_3	1,670	1,655	1,711	1,642
Si_1-O_4	1,687	1,696	1,712	1,644
moyenne	*1,689Å*	*1,666Å*	*1,690Å*	*1,643Å*
Si_2-O_1	1,685	1,634	1,609	1,641
Si_2-O_2	1,731	1,646	1,615	1,642
Si_2-O_3	1,697	1,668	1,623	1,642
Si_2-O_5	1,621	1,648	1,664	1,643
moyenne	*1,683Å*	*1,649Å*	*1,628Å*	*1,642Å*
$Al-O_4$	1,856	1,929	1,756	1,932
$Al-O_5$	1,985	1,921	1,933	1,941
Al-OH	2,068	1,924	-	-
$Al-O_4$	1,909	2,005	1,913	1,919
$Al-O_5$	2,017	1,959	1,916	1,927
Al-OH	1,971	2,026	-	-
moyenne	*1,968Å*	*1,961Å*	*1,880 Å*	*1,928Å*
$Al-O_R$	-	-	1,679	1,733

Les distances inter-atomiques à 650°C, 980°C et 1095°C entre les atomes de silicium, d'aluminium et les oxygènes voisins sont données dans le tableau III.6. La variation de ces distances induit l'augmentation des paramètres de maille de la muscovite Bihar à 650°C et 980°C (tableau III.4). Cela est en accord avec d'autres études [20, 23] qui reportent une augmentation significative des paramètres de maille au dessus de 800°C et jusqu'à 1000°C. Avec l'augmentation de a et b, l'augmentation du paramètre c est la plus importante et aussi, elle est plus rapide après chauffage à 650°C, c'est à dire lorsque la cinétique de la déshydroxylation est particulièrement élevée. La maille reste toujours monoclinique, avec approximativement la même valeur de l'angle β jusqu'à 980°C, conformément aux résultats publiés par Rodriguez-Navarro et *al.* [36]. Entre 980°C et 1095°C, β décroît significativement, ce qui révèle la distorsion de la forme de la maille.

Le taux d'occupation du potassium (K) a été aussi affiné en utilisant le programme Fullprof. Il diminue avec la température, à 650°C et 980°C (tableau III.5). Néanmoins, la valeur obtenue à 1095°C peut être considérée comme peu significative en raison de la valeur élevée des facteurs de convergence (dont le R_{Bragg}).

La diminution observée du taux d'occupation du potassium avec la température est en accord avec les résultats de la littérature qui mentionnent le départ progressif des ions K^+ de la structure, pendant la déshydroxylation jusqu'à 1000°C. Ces ions peuvent ainsi contribuer à la formation à relativement basse température d'une phase liquide, en association avec les ions Si^{4+} et Al^{3+}, comme le montre le diagramme ternaire SiO_2-Al_2O_3-K_2O (Annexe 2). [36]. Une autre étude [35] a montré que lors de la déshydroxylation de la muscovite, les ions Si^{4+} et Al^{3+} de la couche tétraédrique réagissent avec les ions K^+ pour former une phase de type feldspath, similaire à la leucite sans qu'il y ait formation de silice amorphe pouvant recristalliser à plus haute température.

Le tableau III.7 donne les variations des positions des ions oxygène avec la température. Les affinements montrent que les paramètres z des oxygènes des tétraèdres T(1) et T(2) ainsi que les paramètres x des atomes O(1) et O(3) et y des atomes O(2) et O(3) diffèrent de ceux de la phase initiale. La variation des positions Δz ainsi obtenues sont données dans le tableau III.7.

Tableau III.7 : Variation des paramètres de positions des atomes d'oxygène

(T_1) and (T_2)	20°C	650°C	980°C	1095°C
$\Delta z = zO_1-zO_2$	0,01305	0,01306	0,01488	0,01606
$\Delta z = zO_1-zO_3$	0,00241	0,00243	0,01570	0,00024

De façon générale, Δz est influencé par l'environnement des oxygènes des plans de base, qui sont en relation de coordination à la fois avec les ions des tétraèdres SiO_4 et avec l'environnement des ions K^+ inter feuillets. Simultanément, la variation de z est aussi influencée par la variation des paramètres de maille. Sous l'effet de la température, la déviation de l'atome d'oxygène O(2) du plan de base se traduit par une ondulation des positions des tétraèdres. L'augmentation de Δz devient plus significatif aux plus hautes températures puisque les valeurs de Δz sont respectivement 0,013Å, 0,014Å et 0,016Å à 650°C, 980°C et 1095°C. C'est la conséquence de l'inadaptation entre les couches tétraédriques et octaédriques. Les tétraèdres subissent une rotation autour du site O(1), qui est induite par les variations de distances inter-atomiques des aluminiums avec l'oxygène lors du changement de coordination de 6 à 5, présentées dans le tableau III.6.

Dans le tableau III.8, on voit que à la fois la variation des positions des atomes O(2) et O(3) des plans extérieurs et l'expansion des paramètres de mailles, se fait simultanément au changement des longueurs de liaisons K-O avec la température. Ceci confirme l'affaiblissement de ces liaisons aux températures les plus élevées, en accord avec la diminution du taux d'occupation des sites K^+

(tableau III.5). Nos valeurs de longueurs de liaisons K-O, à 980°C et 1095°C, sont similaires avec celles données dans la littérature [20].

Tableau III.8 : Longueurs de liaisons K-O mesurées dans cette étude, en comparaison avec celles obtenues par Guggenheim et al. [20] et Udagawa et al. [23]

	Guggenheim 650°C	Udagawa 900°C	Bihar 650°C	Bihar 980°C	Bihar 1095°C
K-O1	2,91	2,84	2,83	3,81	4,39
K-O2	2,96	3,09	2,96	4,83	4,39
K-O3	2,92	2,94	2,66	2,28	2,58
moyenne	*2,93Å*	*2,96Å*	*2,82Å*	*3,64Å*	*3,95Å*
K-O1	3,28	3,34	3,34	3,84	3,61
K-O2	3,47	3,54	3,45	2,41	2,63
K-O3	3,26	3,24	3,70	5,86	5,69
moyenne	*3,34Å*	*3,37Å*	*3,49Å*	*4,03Å*	*3,97Å*

IV.2. Organisation atomique de la couche octaédrique de la muscovite

Lors de la déshydroxylation, les deux anions OH⁻ communs à deux octaèdres contenant un cation octaédrique Al^{3+} sont remplacés par un oxygène résiduel O_r^{2-} qui se place à mi-distance des positions initiales des deux anions OH⁻ et à la même cote z que les cations octaédriques. Dans cette nouvelle configuration, les cations Al^{3+} sont situés dans des polyèdres pentagonaux, avec une coordinence 5. (tableau III.9).

Tableau III.9 : Nombres de coordination de l'aluminium et nombre d'anions à différentes températures, en comparaison avec d'autres résultats de la littérature

	Guggenheim [20]	Udagawa [23]	Bihar	OH	O_R
650°C	6	-	6	2	0
900°C	-	5	-	0	1
980°C	-	-	5	0	1
1095°C	-	-	5	0	1

La transformation structurale de la muscovite déshydroxylée ne se traduit pas uniquement par le déplacement des O_r^{2-}, car dans le cas ou les Al^{3+} sont en coordinence 5, la distance Al^{3+}-O_r^{2-}, égale à $b/6$, serait trop courte. Guggenheim et al [20] mesurent, par exemple, $b/6$=1,50-1,52Å pour des muscovites déshydroxylées. En conséquence, les cations Al^{3+} se déplacent aussi avec une augmentation des liaisons Al^{3+}-O_r^{2-}. Ceci s'accompagne de l'augmentation du volume des unités structurales, qui est observée expérimentalement par l'augmentation des paramètres a et b après déshydroxylation. C'est pour cette raison que les distances entre l'aluminium et l'atome d'oxygène résiduel à 980°C et 1095°C sont de l'ordre de 1,7±0,1Å (tableau III.6). Ces observations confirment les résultats obtenus par d'autres auteurs [20, 23, 27]. On remarque aussi que dans l'état déshydroxylé, la muscovite garde son caractère *trans-vacant (tv)*.

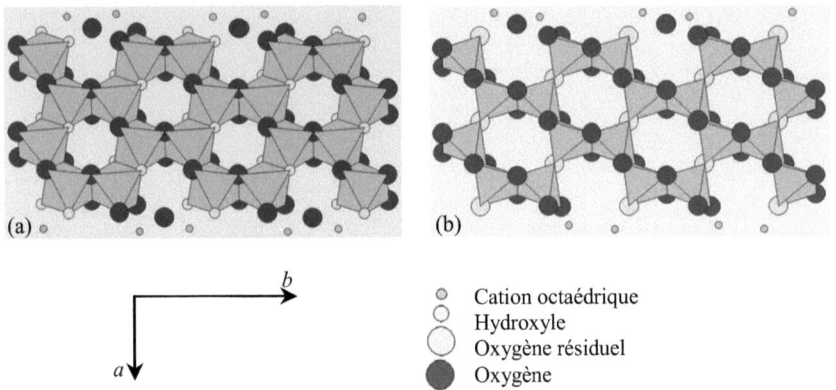

Figure III.2 : Représentation schématique de la courbe octaédrique d'un feuillet de muscovite à 650°C (a) et 980°C (b)

La figure III.2 (a) représente un fragment de feuillet de la couche octaédrique à 650°C de la muscovite Bihar en projection perpendiculaire à $\vec{c}*$. La figure III.2 (b) montre ce même fragment après la réaction complète de déshydroxylation (les deux OH⁻ adjacents sont remplacés par un oxygène "résiduel").

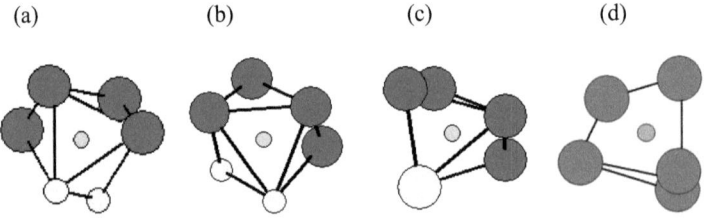

Figure III.3 : Représentation schématique de l'évolution d'un octaèdre avant et après déshydroxylation à différentes températures : 20°C (a), 650°C (b), 980°C (c) et 1095°C (d).

Comme dans le modèle d'Udagawa et al. [23], les oxygènes "résiduels" sont situés à la même cote que les cations octaédriques et à une distance médiane entre les positions des OH⁻ initiaux (figure III.3 a, b et c).

Après déshydroxylation, le rapprochement Al-O_r pour stabiliser la structure, conduit à une rotation des tétraèdres dont la position doit s'adapter aux nouvelles dimensions de la couche octaédrique. Cette étape de réorganisation est observable à haute température car le taux d'occupation du cation interfoliaire (potassium) diminue en fonction de la température. La variation des longueurs de liaison des cations octaédriques en coordination 5 avec les O_r, induit l'adaptation des dimensions dans le plan de la couche tétraédrique. Cette adaptation est possible car le rayon ionique du cation Al^{3+} est relativement petit (0,51Å). Pour des températures inférieures à 650°C, le phénomène de déshydroxylation de la muscovite n'affecte que très peu les couches tétraédriques des feuillets.

L'orientation préférentielle, la présence de mélange de phases amorphes et cristallines, l'élargissement anisotrope des pics de diffraction, le recouvrement des raies et le chevauchement des réflexions peuvent limiter la qualité de l'affinement et empêcher de déterminer précisément les caractéristiques structurales par la méthode des poudres. Cela a été constaté lors des affinements des diagrammes de muscovite Bihar obtenus à 1095°C, pour lesquels des valeurs élevées de facteurs de convergence ont été obtenus. D'autre part, la déshydroxylation des phyllosilicates s'accompagne de la désorganisation de l'empilement des feuillets et les défauts d'empilement sont aussi responsables de l'augmentation du fond continu et de l'élargissement des raies dans les diagrammes de diffraction. La diffraction des rayons X ne permet pas d'obtenir des informations suffisamment précises sur la structure dès lors qu'elle présente une distribution de sites autour d'une valeur moyenne. En conséquence, nous avons aussi caractérisé nos échantillons par la technique de diffraction de neutrons, pour caractériser en détail l'organisation structurale à courte distance. Ces expériences sont nécessaires pour compléter l'affinement de la structure de la muscovite à 1095°C et pour corriger les positions des atomes d'oxygène.

IV.3. Affinement par les fonctions de distribution de paires atomiques

L'affinement structural de la muscovite à 1095°C a été déterminé par DRX et diffraction de neutrons. Ces deux techniques apportent des informations comparables. Cependant, aux grands angles, parce que l'amplitude de diffusion nucléaire ne diminue pas avec l'angle, l'information "neutrons" est en valeur relative, plus significative que l'information "DRX" correspondante. Un exemple de diagramme de diffraction de neutrons est présenté en figure IV.4 et on remarque la forme très large des pics ainsi que la superposition de plusieurs d'entre eux. Par contre la variation du fond continu est significative et il apparaît possible de s'intéresser à la composante diffuse de ces diagrammes, pour en tirer des informations sur la structure.

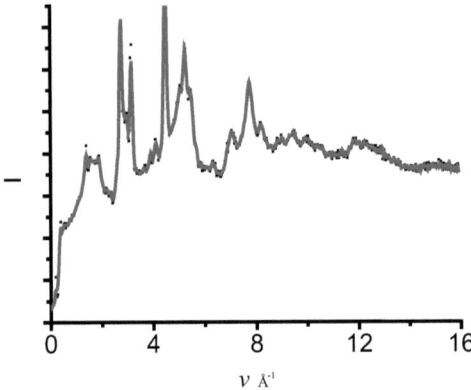

Figure III.4 : Exemple de diagramme de diffraction de neutron de la muscovite traitée à 1095°C

La technique de traitement des données a été décrite précédemment. La détermination des fonctions de distribution de paire pour des distances inter-atomiques comprises entre 0,5 Å et 10 Å environ est obtenue par le calcul de la transformée de Fourier des facteurs de structures $S(Q)$. Afin de minimiser les incertitudes du calcul, nous devons mesurer le facteur $S(Q)$ aussi précisément que possible dans un intervalle de vecteurs de diffusion le plus étendu possible. Les spectromètres permettant de telles études sont de type 2-axes et celui que nous avons utilisé est le spectromètre 7C2, installé au Laboratoire Léon Brillouin sur le réacteur Orphée à Saclay dont la puissance thermique est de 14MW. Le calcul des distributions PDF a été effectué dans l'intervalle 0,5-10Å et un exemple de courbe expérimentale obtenue est tracé dans la figure III.5.

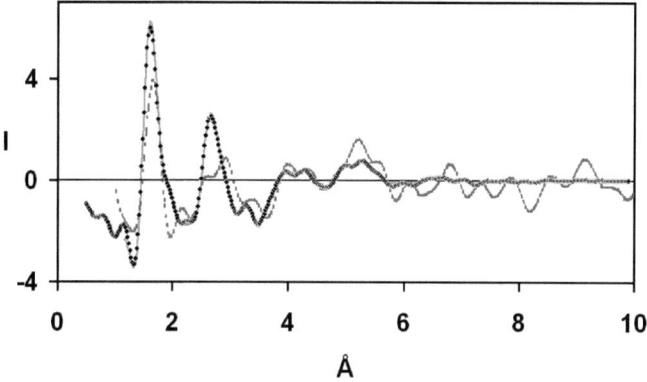

Figure III.5 : Courbe PDF expérimentale à partir de diffraction de neutrons (en vert) en comparaison avec celle obtenue par affinement à partir de PDFFIT (en noir) et PDF calculé à partir des données de diffraction rayons X (en rouge) dans l'intervalle 0,5-10Å

La comparaison en figure III.5 de la courbe expérimentale avec la courbe calculée, à partir de la structure de la muscovite Bihar ($2M_1$; groupe d'espace $C2/c$) calcinée à 1095°C, fait apparaître certaines différences. A courte distance inter-atomique (< 5Å), on n'observe qu'une variation limitée de l'amplitude et de la position des pics alors qu'aux plus grandes distances (> 5Å), des variations significatives sont observées. Plus particulièrement, les pics caractéristiques de la muscovite $2M_1$, dans les intervalles 5-5,5Å et 8,5-9,5Å disparaissent. Ces pics correspondent aux liaisons à longues distances des paires atomiques $Al-Si_2$, Si_1-Si_1 et Si_2-Si_2.

L'affinement des courbes PDF expérimentales (figure III.5) a été réalisé en contraignant les distances $Si-O_T$ et O_T-O_T à leurs valeurs moyennes et en utilisant comme valeur initiale les paramètres d'agitations thermiques reportés par Liang et Hawthorne [37] pour les muscovites naturelles. Malgré le nombre important de positions atomiques (tableau III.10), la simulation obtenue est assez satisfaisante (figure III.5). On remarque que l'organisation structurale de la figure III.6 présente des caractéristiques similaires à celles reportée dans la littérature pour la phase haute température de la muscovite bien que ces études aient été faites sur des matériaux traités entre 650°C et 700°C [37]. On voit aussi que l'organisation structurale des couches est marquée par la variabilité de la forme des sites octaédriques qui influencent les différentes positions des unités tétraédriques. Ces variations de position sont en accord avec les résultats par RMN de Sanz et Serratosa [38].

Tableau III.10 : Positions relatives des atomes de la muscovite à 1095°C obtenues par affinements PDF

Cellule	a : 5,234(3)	b : 9,133(1)	c : 20,21(9)
	α : 92,15(1)	β : 95,28(6)	γ : 92,75(4)
Atomes	x	y	z
K^{1+}	0,0016(7)	0,8503(2)	0,2491(7)
K^{1+}	0,4938(3)	0,3544(5)	0,2527(4)
K^{1+}	-0,0013(5)	0,1446(5)	0,7562(9)
K^{1+}	0,5103(4)	0,6510(5)	0,7530(7)
AL^{3+}	0,2564(7)	0,1108(5)	0,0183(9)
AL^{3+}	0,7577(3)	0,6105(5)	0,0208(9)
AL^{3+}	0,7030(7)	0,0904(6)	0,4870(6)
AL^{3+}	0,2347(7)	0,5961(3)	0,4846(2)
AL^{3+}	0,7154(1)	0,8998(5)	0,9764(0)
AL^{3+}	0,2119(2)	0,4043(6)	0,9771(9)
AL^{3+}	0,2812(8)	0,9080(3)	0,5162(8)
AL^{3+}	0,7796(2)	0,4071(2)	0,5175(2)
SI^{4+}	0,5334(2)	0,9722(4)	0,1342(2)
SI^{4+}	0,0332(7)	0,4726(5)	0,1339(3)
SI^{4+}	0,4636(1)	0,9769(7)	0,3658(3)
SI^{4+}	0,9637(6)	0,4715(6)	0,3666(1)
SI^{4+}	0,4739(2)	0,0291(1)	0,8670(8)
SI^{4+}	0,9687(3)	0,5292(4)	0,8664(7)
SI^{4+}	0,5297(6)	0,0299(2)	0,6357(6)
SI^{4+}	0,0369(2)	0,5309(7)	0,6343(3)
SI^{4+}	0,5540(5)	0,2729(1)	0,1258(4)
SI^{4+}	0,0588(7)	0,7754(0)	0,1268(3)
SI^{4+}	0,4521(5)	0,2718(1)	0,3726(7)
SI^{4+}	0,950(5)	0,7672(2)	0,3708(5)
SI^{4+}	0,4401(5)	0,7290(5)	0,8734(7)
SI^{4+}	0,9423(9)	0,2263(8)	0,8758(2)
SI^{4+}	0,5496(2)	0,7323(4)	0,6300(4)
SI^{4+}	0,0510(4)	0,2286(7)	0,6281(9)
O^{2-}	0,6356(2)	0,1217(5)	0,1782(9)
O^{2-}	0,1360(8)	0,6242(4)	0,1785(0)
O^{2-}	0,4186(9)	0,1218(9)	0,323(0)
O^{2-}	0,9020(7)	0,6319(4)	0,3217(6)
O^{2-}	0,3645(3)	0,8754(7)	0,8204(6)
O^{2-}	0,8728(9)	0,3767(7)	0,8199(8)
O^{2-}	0,6252(4)	0,8694(7)	0,6766(2)
O^{2-}	0,1014(3)	0,3723(9)	0,6780(0)
O^{2-}	0,2843(7)	0,8995(8)	0,1543(8)
O^{2-}	0,7833(6)	0,3989(9)	0,1530(3)
O^{2-}	0,7213(6)	0,9034(3)	0,3467(5)
O^{2-}	0,2199(7)	0,4071(7)	0,3461(0)
O^{2-}	0,7128(0)	0,1031(1)	0,8497(2)
O^{2-}	0,2145(6)	0,6044(5)	0,8456(9)
O^{2-}	0,2809(6)	0,0948(4)	0,6512(2)
O^{2-}	0,7837(7)	0,5938(5)	0,6509(8)
O^{2-}	0,2892(4)	0,3878(5)	0,1260(3)

O^{2-}	0,7887(6)	0,8883(1)	0,1311(0)
O^{2-}	0,7202(1)	0,3851(2)	0,3741(6)
O^{2-}	0,2179(8)	0,8819(7)	0,3762(7)
O^{2-}	0,7132(4)	0,6092(8)	0,8729(7)
O^{2-}	0,2102(5)	0,1096(6)	0,877(5)
O^{2-}	0,2812(1)	0,6148(5)	0,6248(9)
O^{2-}	0,7882(8)	0,1184(1)	0,6252(6)
O^{2-}	0,5936(1)	1,0032(6)	0,0586(3)
O^{2-}	0,0973(2)	0,5037(3)	0,0586(1)
O^{2-}	0,4608(1)	1,0042(9)	0,4418(7)
O^{2-}	0,9523(9)	0,5010(6)	0,4412(4)
O^{2-}	0,4327(1)	-0,0047(9)	0,9400(3)
O^{2-}	0,9476(7)	0,4836(5)	0,9402(1)
O^{2-}	0,5506(9)	0,0022(3)	0,5547(6)
O^{2-}	0,0495(3)	0,4974(3)	0,5567(3)
O^{2-}	0,4135(7)	0,2800(4)	0,0574(5)
O^{2-}	0,9073(1)	0,7785(1)	0,0552(5)
O^{2-}	0,5779(3)	0,2902(9)	0,4440(6)
O^{2-}	0,0887(3)	0,7905(2)	0,4460(6)
O^{2-}	0,5940(3)	0,7141(7)	0,9447(1)
O^{2-}	0,0940(3)	0,2141(7)	0,9447(1)
O^{2-}	0,4059(7)	0,7141(7)	0,5552(9)
O^{2-}	0,9059(7)	0,2141(7)	0,5552(9)
O^{2-}	0	0	0
O^{2-}	0,5	0,5	0
O^{2-}	0	0	0,5
O^{2-}	0,5	0,5	0,5

Globalement, il apparaît que la maille de la muscovite déshydroxylée a un volume élémentaire plus grand que celui de la muscovite non traitée, l'axe $\vec{c}$ subissant la plus grande variation [20, 23, 27]. Une partie des ions Al^{3+} change de coordinence, de 6 à 5 [23] simultanément à la réduction des distances de liaisons (tableau III.6) des O^{2-} liés à deux ions Al^{3+}. En général, ce changement de coordinence des ions Al^{3+} influence la charge de saturation des oxygènes, ce qui à pour effet de provoquer une distorsion de la couche tétraédrique. Elle se traduit par la rotation des tétraèdres pour compenser le décalage avec la couche octaédrique distordue.

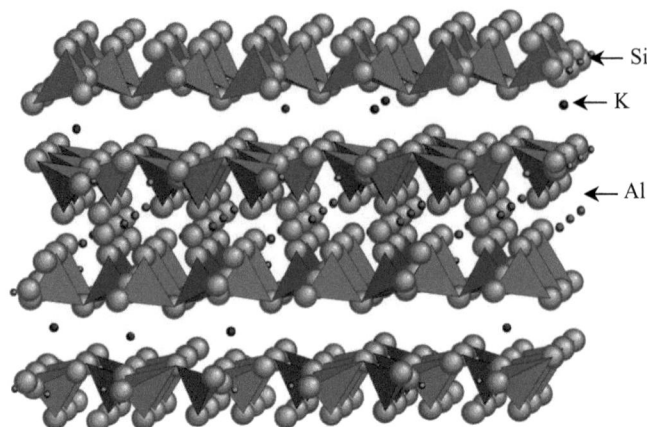

Figure III.6 : Organisation structurale en 3D de la muscovite Bihar traitée à 1095°C

IV.4. Orientation des cristaux de mullite sur le réseau haute température de la muscovite

Les affinements des diagrammes de diffraction des rayons X et de neutrons reflètent des variations structurales complexes. Néanmoins, la muscovite conserve une organisation structurale bidimensionnelle. Les couches alumineuses incluent des unités structurales alumineuses dont l'organisation dans le plan est dans 3 directions préférentielles [010], [310] ou [$\bar{3}$10], comme le montre la figure III.7.

L'observation par microscopie de la croissance de la mullite à l'interface d'un dépôt de kaolinite sur des feuillets de muscovite préalablement orientés montre que la nucléation et la croissance de la mullite se font suivant les directions préférentielles citées ci-dessus. Il apparaît que les axes $\vec{c}$ des cristaux de mullite sont parallèles au plan des feuillets de la muscovite. Simultanément, les orientations des cristaux de mullite sont parallèles aux alignements des assemblages d'unités structurales (figure III.7).

La structure de la muscovite déshydroxylée (figures III.6 et III.7) comporte des couches alumineuses désordonnées dans lesquelles les polyèdres subissent des variations de positions. On remarque que les directions mentionnées ci-dessus sont maintenues alors que le nombre d'atomes d'oxygène par maille ne sont pas en nombre suffisant pour former de nouvelles unités octaédriques. Néanmoins, les unités Al-O_r^n alignées dans les directions [010] ou [310] et [$\bar{3}$10] de la muscovite initiale forment des assemblages élémentaires qui sont à l'origine de la nucléation et de la croissance orientée des cristaux de mullite, comme le montre la photo MEB de la figure III.8.

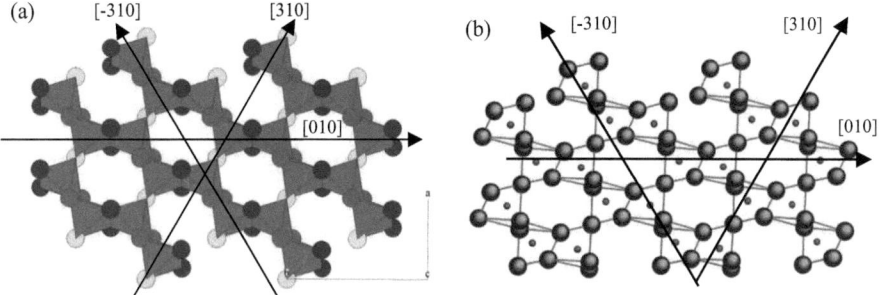

Figure III.7 : Projection (001) de la couche alumineuse de la muscovite après traitement à 980°C (a) et 1095°C (b)

Figure III.8 : Image MEB illustrant l'orientation préférentielle des cristaux de mullite à l'interface d'un dépôt muscovite-kaolinite fritté à 1275°C.

La figure III.9 illustre une projection (001) des couches tétraédriques de la muscovite à 980°C et 1095°C. La forme hexagonale quasi-idéale des assemblages de tétraèdres dans le plan des feuillets est maintenue jusqu'à 980°C. A plus haute température, on observe la déformation de ces assemblages. Néanmoins, on observe que les unités tétraédriques restent liées deux à deux par leur sommet en suivant les orientations préférentielles [010], [310] et [$\overline{3}$ 10] de la muscovite initiale.

(a) 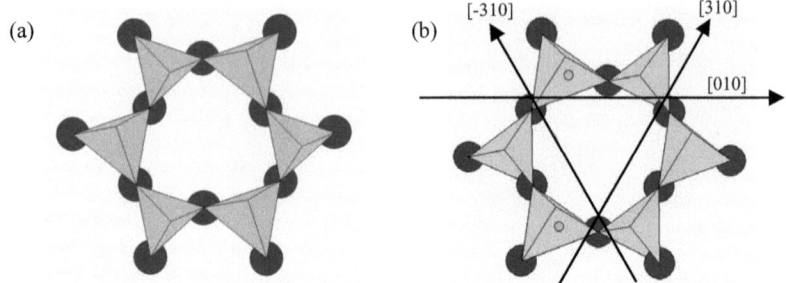 (b)

Figure III.9 : Projection (001) de la couche tétraédrique de la muscovite Bihar après calcination à 980°C (a) et 1095°C (b)

Les alignements préférentiels des unités tétraédriques et octaédriques sont déterminantes dans le processus de recristallisation orientée de la mullite. Ces résultats montrent la possibilité d'utiliser la forme haute température de la muscovite afin de réaliser des matériaux micro-texturés de mullite. Les détails d'obtention de ces derniers seront décrits dans le chapitre 4.

V. CONCLUSION

Les plaquettes de muscovite se déshydroxylent progressivement selon un processus non homogène, qui s'accompagne par une exfoliation de cette dernière lorsque la pression de la vapeur d'eau est suffisamment élevée. La structure de la muscovite initiale, chauffée à 650°C, 980°C et 1095°C change progressivement et continuellement pour donner la forme haute température de la muscovite, mais à partir de l'eutectique ternaire à 1140°C, la structure est complètement désordonnée et quasi-décomposée. Une caractéristique spécifique de la muscovite est la conservation d'une organisation globale de ces couches à très haute température avant décomposition. L'affinement Rietveld à partir des diagrammes de diffraction des rayons X confirme le changement de coordination de 6 à 5 des atomes d'aluminium, au dessus de 650°C ce qui provoque quelques changements structuraux comme la modification et la rotation des tétraèdres de silicium. La diffraction des rayons X, par sa haute résolution, donne des informations plus précises sur la métrique de la maille, mais aussi sur la position des gros atomes, tandis que la diffraction des neutrons est très utile dans la "localisation" des ions plus légers. D'ailleurs, l'affinement par les fonctions de distribution de paires atomiques indique l'affaiblissement de l'organisation structurale à longue distance au dessus de 5Å. En dessous de cette distance, un ordre local est maintenu, particulièrement un alignement préférentiel des unités d'aluminium et de silicium. La structure résiduelle ordonnée de la forme haute température de la muscovite favorise la croissance épitaxiale des cristaux de mullite.

VI. REFERENCES BIBLIOGRAPHIQUES

[1] T. Takenaka et K. Sakata, "Grain Orientation and Electrical Properties of Hot-Forged $Bi_4Ti_3O_{12}$ Ceramics", Jpn. J. Appl. Phys. 19, 1, 31-39, 1980

[2] H. Igarashi, K. Matsunaga, T. Taniai et K. Okazaki, "Dielectric and Piezoelectric Properties of Grain-Oriented $PbBi_2Nb_2O_9$ Ceramics", Am. Ceram. Soc. Bull. 57, 9, 815-17, 1978

[3] G. E. Youngblood et R. S. Gordon, "Texture-Conductivity Relationships in Polycrystalline Lithia-Stabilized β-Alumina", Ceram. Int. 4, 3, 93-98, 1978

[4] K. Hirao, M. Ohashi, M. E. Brito et S. Kanzaki, "Processing Strategy for Producing Highly Anisotropic Silicon Nitride", J. Am. Ceram. Soc. 78, 6, 1687-90, 1995

[5] Seong-Hyong Hong et G. L. Messing, "Development of Textured Mullite by Templated Grain Growth", J. Am. Ceram. Soc. 82, 4, 867-872, 1999

[6] L. Kathryn, L. Nagy, T. Randall, J.M. Cygan et C. Neil, "Gibbsite growth kinetics on gibbsite, kaolinite, and muscovite substrates : atomic force microscopy evidence for epitaxy and an assessment of reactive surface area", Geochimica et Cosmochimica Acta 63, 16, 2337-2351, 1999

[7] Z. J. Wang, H. Y. Bi, H. Kokawa, L. Zhang, J. Tsaur, M. Ichiki et R. Maeda, "Preparation and characterization of PZT thin films deposited by pulsed laser deposition on template layer", J. Eur. Ceram. Soc. 24, 6, 1629-1632, 2004

[8] G. Lecomte, P. Blanchart, "Textured Mullite at Muscovite-Kaolinite Interface", J. Materials Science 41, 4937-4943, 2006

[9] G. Lecomte, "transformations thermiques, organisation structurale et frittage des composés kaolinite-muscovite", thèse de doctorat de l'université de Limoges, N°53, 2004

[10] A. Galtieri et M. Bellotto, "Modelling the structure of the metastable phases in the reaction sequence kaolinite-mullite by X-ray scattering experiments", Phys. Chem. Minerals 25, 442-452, 1998

[11] P. Dion, "Déshydroxylation de la Kaolinite par Analyse Thermique à Vitesse de Transformation Contrôlée. Etude de la Métakaolinite", 94 ORLE 2018, thèse de doctorat de l'université d'Orléans, 1994

[12] K. Srikrishna, G. Thomas, R. Martinez, M.P. Corral, S. De Aza et J.S. Moya, "Kaolinite-mullite reaction series : a TEM study", J. Materials Science 25, 607 – 612, 1990

[13] S. Lee, Y.J. Kim, H.J. Lee et H-S. Moon, "Electron-Beam-Induced phase transformations from metakaolinite to mullite investigated by EF-TEM and HRTEM,", J. Am. Ceram. Soc. 84, 9, 2096 – 2098, 2001

[14] R.E. Grim, W.F. Bradley et G. Brown, "X-ray identification and crystal structures of clay minerals", Brindley GW (ed), Mineralogical Society, London, 138-172, 1951

[15] R.C. MacKenzie et A.A. Milne, "Effect of grinding on muscovite", Mineral Mag. 30, 178-185, 1953

[16] L. Heller-Kallai et I. Rozenson, "Dehydroxylation of dioctahedral phyllosilicates", Clays and Clay Minerals 28, 355-368, 1980

[17] R. D. Aines et G.R. Rossman, "The high temperature behaviour of trace hydrous components in silicate minerals", Amer. Mineralogist 70, 1169-1179, 1985

[18] K.J.D. Mackenzie, I.M.W. Brown, R.H. Meinhold et M.E. Bowen, "Thermal reaction of pyrophyllite studied by high-resolution solid state 27Al and 29Si nuclear magnetic resonance spectroscopy", Am. Ceram. Soc. J. 68, 266-272, 1985

[19] J. Liang et F.C. Hawthorne, "Rietveld refinement of micaceous materials : muscovite-$2M_1$, a comparison with single-crystal structure refinement", Canadian Mineralogist 34, 115-122, 1996

[20] S. Guggenheim, Y. Chang, A.H. Foster van Gross, "Muscovite dehydroxylation : High-temperature studies", Amer. Miner. 72, 537-550, 1987

[21] J. Rodriguez-Carvajal, "FULLPROF : A Program for Rietveld Refinement and Pattern Matching Analysis", Abstracts of the Satellite Meeting on Powder Diffraction of the XV Congress of the IUCr, Toulouse, France, p. 127, 1990.

[22] G. Caglioti, A. Paoletti et F.P. Ricci, "Choice of Collimator for a Crystal Spectrometer for Neutron Diffraction", Nucl. Instrum. Methods 3, 223-228, 1958

[23] S. Udagawa, K. Urabe et H Hasu, "The crystal structure of muscovite dehydroxylate", Japanese Association of Mineralogist, Petrologists, and Economic Geologists 69, 381-389, 1974

[24] S.E. Luca, M. Amara, R.M. Galéra, F. Givord, S. Granovsky, O. Isnard et B. Beneu, "Neutron diffraction studies on GdB_6 and TbB_6 powders", Physica B 350, e39–e42, 2004

[25] T. Egami et S.J.L. Bellinge, "Underneath the bragg peaks", Materials today 6, 57, 2003

[26] Th. Proffen et S. J. L. Billinge, "PDFFIT a program for full profile structural refinement of the atomic pair distribution function", J. Appl. Crystallogr. 32, 572, 1999

[27] J. Eberhart, "Transformation de la muscovite par chauffage entre 700 et 1200°C". Bull. Soc. franc. Miner. Cristallogr. 86, 213-251, 1963

[28] A. Nicol, "Topotactic transformation of muscovite under mild hydrothermal conditions", Clays Clay Miner. 12, 11-19, 1964

[29] W. Vedder et R. Wilkins, "Dehydroxylation and rehydroxylation, oxidation and reduction of micas", Am. Miner. 54, 482-509, 1969

[30] M. Catti, G. Ferraris et G. Ivaldi, "Thermal strain analysis in the crystal structure of muscovite at 700°C", Eur. J. Mineral. 1, 625-632, 1989

[31] E. Mazzucato, G. Artioli et A. Gualtieri, "High temperature dehydroxylation of muscovite-2M1 : a kinetic study by in situ XRPD", Phys. Chem. Minerals 26, 375-381, 1999

[32] R. Wardle et G. Brindley, "The crystal structures of pyrophyllite, 1Tc and of its dehydroxylate", Am. Miner. 57, 732-750, 1972

[33] A. Gualtieri, G. Artioli, M. Bellotto, S. Clark, et B. Palosz, "High temperature phase transition of muscovite-2M1 : angle and energy dispersive powder diffraction studies", Materials Science Forum 166-169, 547-552, 1994

[34] K.J.D. Mackenzie, I.W.M. Brown, C.M. Cardile et R.H. Meinhold, "The Thermal Reaction of Muscovite Studied by High Resolution Solid State 29-Si and 27-Al NMR", J. Mat. Sci., 22, 2645-54, 1987

[35] S. G. Barlow, D.A.C. Manning, "Influence of time and temperature on reactions and transformations of muscovite mica", British Ceramic Transactions, 98, 3, 122-126, 1999

[36] C. Rodriguez-Navarro, G. Cultrone, A. Sanchez-Navas, E. Sebastian, "TEM Study of Mullite Growth after Muscovite Breadown", Amer. Miner. 88, 713-724, 2003

[37] J.-J. Liang et F. C. Hawthorne, "Triclinic muscovite: X-ray diffraction, neutron diffraction and photo-acoustic FTIR Spectroscopy", The Canadian Mineralogist 36, 1017-1027, 1998.

[38] J. Sanz et J. M Serratosa, Silicon-29 and aluminum-27 high resolution MAS-NMR spectra of phyllosilicates. J. Amer. Chem. Soc.106, 17, 4790-4793, 1984

CHAPITRE IV

Frittage et propriétés thermiques des matériaux

I. INTRODUCTION 132
II. ETUDE DU FRITTAGE 133
    II.1. Matériaux et méthodes 133
    II.2. Mise en forme et frittage 134
        II.2.1. Réalisation de dépôts alternés 134
        II.2.2. Frittage 135
        II.2.3. Fluage en cours de frittage 135
    II.3. Résultats et discussion 138
        II.3.1. Influence de la température 138
        II.3.2. Optimisation de la température de frittage 142
    II.4. Analyse de la texture d'un échantillon fritté 144
        II.4.1. Résultats et interprétation 144
III. COMPORTEMENT THERMIQUE DES COMPOSITIONS SILICO-ALUMINATES CONTENANT Bi_2O_3 148
    III.1. Méthodes expérimentales 148
    III.2. Résultats et discussion 149
        III.2.1. Analyses Thermiques Différentielles 149
        III.2.2. Caractérisations structurales par diffraction des rayons X 151
    III.3. Diagramme ternaire du système $SiO_2 - Al_2O_3 - Bi_2O_3$ 156
    III.4. Formation de la mullite dans les composés phyllosilicatés contenant Bi_2O_3 157
IV. CARACTERISATIONS MECANIQUES 158
    IV.1. Caractérisation par flexion 3 points 158
    IV.2. Essai d'indentation Vickers 159
        IV.2.1. Approche théorique 159
        IV.2.2. Choix des paramètres de mesure de la ténacité 161
    IV.3. Résultats et interprétations 163
        IV.3.1. Relation entre microstructure et propriétés mécaniques 163
        IV.3.2. Rôle de Bi_2O_3 sur la microstructure et les propriétés mécaniques 164
V. CONCLUSION 166
VI. REFERENCES BIBLIOGRAPHIQUES 167

I. INTRODUCTION

L'élaboration de matériaux à microstructure organisée à l'échelle micro ou nano-métrique retient l'attention des spécialistes universitaires et industriels depuis de nombreuses années en raison de leurs propriétés originales. Par exemple, le développement de l'électronique s'est appuyé depuis plusieurs décennies sur une miniaturisation de plus en plus poussée de divers composants. D'autre part, les matériaux céramiques micro-poreux trouvent leur application en tant que filtres, supports catalytiques ou encore dans le secteur biomédical, en raison de leur surface spécifique élevée, de leur bonne résistance aux chocs thermiques et de leur stabilité chimique. En général, le type d'organisation d'une couche céramique ou d'un dépôt change fortement ses propriétés macroscopiques comme la conductivité thermique et les propriétés mécaniques.

Avec la température, l'évolution de la porosité, de la croissance des cristaux et de la densification influence les propriétés des céramiques. Dans le but d'améliorer les caractéristiques mécaniques, il semble intéressant de chercher à contrôler l'organisation de leur microstructure. Parmi les nombreuses voies de recherche déjà expérimentées, nous avons choisi d'élaborer des matériaux composites dont l'organisation microstructurale est obtenue par la croissance orientée de la mullite sur des grandes plaquettes de muscovite (2×2cm).

Ces matériaux de mullite sont réalisés à partir de couches alternées des minéraux phyllosilicatés kaolinite et muscovite. Lors du frittage, la mullite recristallise dans le plan des feuillets de muscovite en formant une texturation particulière décrite dans le chapitre III. Les paramètres qui influencent significativement la microstructure et la croissance des cristaux de mullite sont principalement la température et l'atmosphère de frittage ainsi que l'ajout d'additifs. L'étude de nos matériaux a été réalisée à des températures de frittage comprises entre 1150°C et 1350°C, sous deux atmosphères différentes : l'air et l'argon.

L'addition de petites quantités de cations bi- ou trivalents dans les compositions qui aboutissent à la synthèse de la mullite est souvent très favorable à la formation et à la croissance des cristaux [1, 2]. En général, les cations Ca^{2+} et Ba^{+2} ont un rôle bien identifié, ainsi que d'autres cations comme Sn^{2+} et Sb^{3+} qui sont aussi essentiels à la formation de la mullite. Les cations Fe^{3+} et Ti^{4+} ont aussi un rôle spécifique puisqu'ils entrent dans le réseau de la mullite en proportion importante (jusqu'à 10% mol) et modifient les caractéristiques structurales et la température d'apparition de phase liquide, ainsi que la cinétique de recristallisation [3].

De plus, dans les céramiques contenant de la mullite, la quantité et les caractéristiques de la phase liquide, au cours du frittage, sont essentielles aux processus de mobilité des espèces. Le liquide a un rôle important sur la recristallisation des composés riches en alumine au sein d'une phase liquide silicatée [4].

En plus du rôle de ces ajouts, il semble que Bi^{3+} soit le cation qui contribue le plus favorablement à la synthèse de la mullite et au frittage des céramiques silico-alumineuses qui forment de la mullite [5]. L'utilisation de Bi^{3+} semble être une approche qui mérite d'être étudiée.

Le premier objectif de ce chapitre est l'étude du rôle de Bi_2O_3 utilisé comme additif dans les composés silico-aluminates. Nous montrerons qu'il favorise la croissance de la mullite à basse température, en formant de petites quantités de phase liquide temporaire aux interfaces. Le comportement avec la température des composés ternaires SiO_2-Al_2O_3-Bi_2O_3 a été étudié avec des composés obtenus par voie sol-gel, dont on peut penser qu'ils ont un comportement aussi idéal que possible. Ensuite le rôle de Bi_2O_3 a été observé dans les composites muscovite-kaolinite afin de déterminer le rôle de cet additif sur la microstructure et sur les caractéristiques des matériaux composites après frittage.

Nous avons aussi examiné de manière détaillée les transformations de la microstructure des assemblages multicouches kaolinites-muscovites en relation avec les transformations structurales induites par le traitement thermique.

Enfin, nous avons optimisé la réalisation des matériaux multicouches à microstructure organisée de mullite. Nous avons étudié les relations entre le degré d'organisation de la microstructure et les propriétés mécaniques macroscopiques, notamment la résistance à la flexion et la ténacité. En général, cette propriété est fortement corrélée avec la microstructure et l'organisation des composants de la microstructure [6]. Le chapitre montre que nos matériaux, lorsqu'ils sont sous la forme de substrats, présentent des caractéristiques spécifiques qui les rendent plus résistants et moins fragiles.

II. ETUDE DU FRITTAGE

II.1. Matériaux et méthodes

Les minéraux utilisés, la muscovite Bihar et deux kaolins (KF et Bip) sont caractérisés dans le chapitre I.

Les techniques utilisées pour comprendre les évolutions de la texture et les transformations structurales qui s'opèrent au cours du traitement thermique des assemblages kaolinite-muscovite sont de deux types :

- Techniques d'observation (Microscope optique, Microscope électronique à balayage Hitachi 2500 et SETREOSCAN 260) ;
- Techniques d'analyse (Diffraction des rayons X, Diffraction 2 cercles, Analyses d'images, MEB SETREOSCAN 260 de Leica-Cambridge Instruments équipé d'un détecteur PGT Prism pour la spectrométrie EDS).

II.2. Mise en forme et frittage

II.2.1. Réalisation de dépôts alternés

Les multicouches sont réalisées par un empilement alterné de 5 à 10 feuillets de muscovite de 100µm d'épaisseur et de 30µm de dépôt de kaolin. L'ensemble est maintenu entre 2 couches de kaolin pré-calciné à 800°C, de $1 \pm 0,1$mm d'épaisseur, recouvertes de la même suspension à l'interface. L'aspect de l'empilement après frittage est présenté en figure IV.1. Les échantillons sont ensuite séchés à l'étuve à 60°C puis frittés sous air ou argon entre 1150°C et 1350°C.

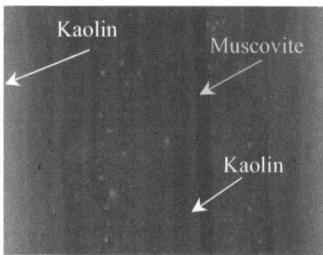

Figure IV.1 : Observation par microscopie visible du multicouche muscovite-kaolin Bip après frittage à 1200°C

Une deuxième série d'échantillons a été réalisée en ajoutant 3-5 % en mole de Bi_2O_3 sous la forme d'une solution de nitrate de bismuth ajoutée à la suspension de kaolin. Le comportement lors du frittage de cette série d'échantillon est présenté dans cette partie. Le rôle de Bi_2O_3 dans les compositions silico-aluminates sera ensuite décrit plus en détails dans le paragraphe III.

Les essais préliminaires réalisés avec le kaolin KF ont montré que la surface des échantillons frittés n'était pas lisse. Le frittage favorise l'apparition des fissures (figure IV.2) qui ne disparaissent pas en changeant l'atmosphère de frittage (air-argon). Ces fissurations sont dues principalement à la granulométrie très fine du kaolin KF qui favorise un retrait important lors du frittage. L'état de surface après frittage avec le kaolin Bip est plus lisse. Ce dernier est donc retenu pour la suite des essais d'optimisation.

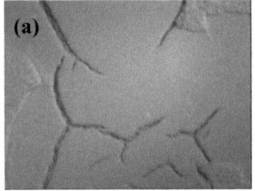 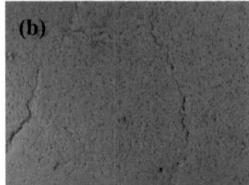

Figure IV.2 : Matériau multicouche kaolin KF-muscovite calciné à 1300°C **(a)** sous air, **(b)** sous argon

II.2.2. Frittage

Afin de limiter le phénomène d'exfoliation des feuillets de muscovite lors de la déshydroxylation, décrit dans le chapitre II, nous avons utilisé un frittage sous une charge unidirectionnelle et modérée de 200 bars (figure IV.3).

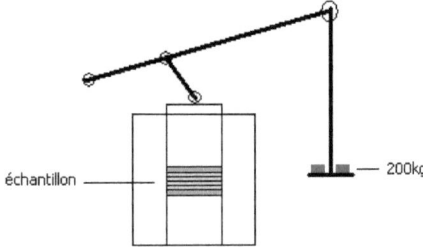

Figure IV.3 : Schéma représentatif du four de frittage sous charge

II.2.3. Fluage en cours de frittage

Lecomte et Blanchart [7] ont étudié le frittage des composés kaolinite-muscovite comportant de 5 à 25% en masse de muscovite. Il apparaît que pour des teneurs en muscovite inférieures à 10% en masse, la densification est globalement dominée par le comportement de la kaolinite. Pour des taux de muscovite supérieurs à 10% en masse, il y a une influence nette du comportement de la muscovite sur la densification. La densification maximale lors du frittage est décalée vers les basses températures lorsque le taux de muscovite augmente.

L'orientation privilégiée des cristaux de mullite est maintenue sur la forme structurale haute température de la muscovite. La quantité de cette dernière estimée nécessaire pour réaliser ces matériaux micro-structurés de mullite est d'environ 5% dans le cas d'un mono-couche et de l'ordre de 35% dans le cas de multicouches. Dans les empilements, la quantité de la phase liquide formée influe sur le comportement à haute température. Ainsi, l'action d'une charge unidirectionnelle favorise la déformation de nos matériaux par fluage. L'étude du fluage a été effectuée avec la machine Instron 8562 équipée d'un enregistreur graphique programmable 8210 permettant de mesurer et d'enregistrer sur 2 voies des tensions et des températures. Le cycle thermique utilisé pour cet essai comprend une montée de $3°.min^{-1}$ jusqu'à 750°C, un palier de 15 heures, une autre montée à 1200°C avec un pas de $5°.min^{-1}$ et un palier de 3 heures.

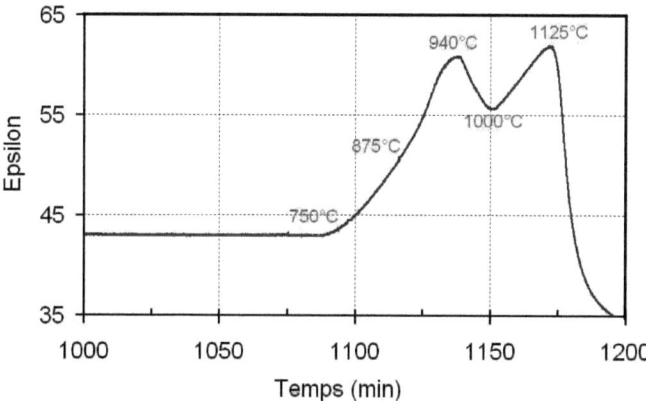

Figure IV.4 : Déformation sous charge constante (200 bars) d'un assemblage multicouche kaolin-muscovite

Lors du traitement thermique des multicouches kaolin-muscovite sous charge, deux zones de ralentissement de la densification apparaissent (figure IV.4) :
- Vers 1000°C, la première variation peut être corrélée à la cristallisation et à la croissance de la mullite ;
- Entre 1100 et 1200°C, la seconde zone de variation est probablement associée à la réaction péritectique à 1140°C et à la croissance des phases cristallines ainsi formées (leucite et mullite).

Sur la figure IV.4, on observe que la densification débute relativement à basse température. Cette tendance doit être favorisée par la quantité importante de muscovite par rapport à celle du kaolin et par l'apparition d'une phase liquide transitoire dès 985°C, en accord avec l'évolution à l'équilibre du domaine de composition de nos mélanges sur le diagramme ternaire Al_2O_3-SiO_2-K_2O (Annexe 2). Compte tenu du degré d'hétérogénéité de nos mélanges, nous pouvons aussi envisager l'accentuation de la quantité de phase liquide aux interfaces kaolinite-muscovite, notamment du fait de la pression exercée. D'après le diagramme ternaire, ce processus est possible dès 1140°C. La phase liquide aura pour rôle d'accélérer la densification des compacts de mélanges kaolinite-muscovite et de favoriser la formation de la mullite.

Traoré et *al.* [8] ont montré l'existence d'une anisotropie de frittage lors de l'étude d'une argile kaolinite à l'aide d'un dilatomètre à tige poussoir (Adamel DI24). Il est apparu que pour une charge appliquée de 0,1N le frittage prédomine sur le fluage de l'échantillon tandis pour des charges supérieures ou égales à 0,2N le fluage devient prédominant. D'où l'intérêt de minimiser au maximum la charge appliquée lors de la préparation de nos matériaux micro-texturés.

De façon générale, lors du traitement thermique jusqu'à 1300°C des matériaux silico-alumineux, la quantité de phase cristalline formée, notamment la mullite, évolue de façon progressive, simultanément à la densification globale. La phase majoritaire dans le matériau en cours de frittage est peu organisée structuralement. A plus haute température, le taux de mullite semble atteindre une asymptote et le fluage devient le processus dominant dans le comportement global.

Nos matériaux sont similaires aux matériaux silico-alumineux puisque leur microstructure est sous la forme d'un micro-composite de mullite dans une phase de matrice qui est peu organisée structuralement. La densification sous l'effet de la température et de la charge appliquée résulte à la fois du frittage et du fluage du matériau.

L'optimisation du cycle de frittage nécessite donc d'utiliser, simultanément au cycle thermique, un cycle de pression en deux temps, en tenant compte de la température de fusion de la muscovite à 1270°C :

- Un palier de déshydroxylation de cinq heures à 900°C sous 200 bars ;
- Un palier de frittage de trois heures à la température d'essai avec une pression limitée à 1 bar pour éviter le fluage des échantillons (figure IV.5).

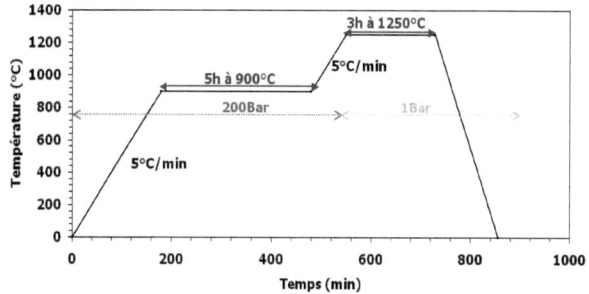

Figure IV.5 : Cycle optimum de frittage des échantillons multicouches kaolin-muscovite

Pour éviter que l'échantillon colle aux poussoirs, il est maintenu entre deux rondelles d'alumine recouvertes d'un engobe d'alumine tabulaire de grosse granulométrie.

II.3. Résultats et discussion

II.3.1. Influence de la température

II.3.1.1. Recristallisation et formation de nouvelles phases

Le réseau de la muscovite disparaît vers 1100°C, en faisant place à de nouvelles phases : type spinelle γ-Al_2O_3, α-Al_2O_3, mullite, leucite ou feldspath potassique [9, 10]. La transformation est progressive puisqu'à 1000°C, une forme structurale résiduelle de la muscovite subsiste, mais il y a début de formation de mullite et d'alumines de transition. A 1100°C, la structure du mica disparaît alors que les quantités des nouvelles phases augmentent. A 1200°C, la mullite et l'alumine α (α-Al_2O_3) sont clairement identifiées, alors que la présence de l'alumine γ (γ-Al_2O_3) est encore possible.

Sur la base du diagramme ternaire, K_2O-Al_2O_3-SiO_2 (Annexe 2), la composition de la muscovite anhydre conduit à la leucite, le feldspath-potassique et la mullite, et ceci en dessous de 1140°C. Entre 1140°C et 1315°C, la leucite, la mullite et un liquide apparaissent et pour les températures supérieures à 1315°C, la leucite, le corindon et un liquide coexistent. La présence de la mullite a été notée par Syndius et Bystrom [11] et Eberhart [9]. Pour Brindley et Lemaître [12], la phase de type spinelle apparaît d'abord mais de façon transitoire. Elle se transforme ensuite en mullite qui est la phase la plus stable à haute température.

L'étude par diffraction des rayons X réalisée sur un échantillon fritté sous air à 1300°C, permet de déterminer la nature des phases cristallisées présentes (figure IV.6).

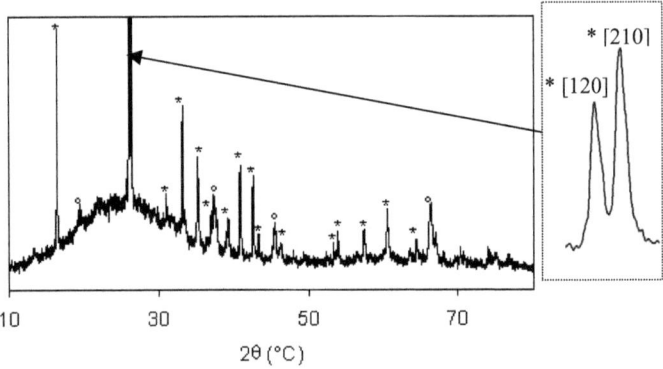

Figure IV.6 : Diagramme de diffraction des rayons X d'un assemblage kaolin-muscovite, fritté à 1300°C. * : Mullite ; ° : Alumine de transition

Le diagramme de la figure IV.6 montre un fond diffus qui révèle la présence d'une phase amorphe. Elle est attribuée à la formation d'un liquide alumino-silicate-potassique. Les nouvelles phases cristallines sont principalement la mullite (a=7,570Å, b=7,694Å et c=2,889Å) et une alumine de transition. La présence de ces phases est prévisible à partir des diagrammes de phases, mais leurs quantités respectives diffèrent, probablement en raison de la composition chimique de la muscovite Bihar et de la présence de la kaolinite qui augmente localement la teneur en alumine.

II.3.1.2. Evolution de la microstructure

Observations en *Microscopie Electronique à Balayage*

Pour favoriser les observations par MEB, la phase amorphe a été enlevée par attaque chimique avec du HF dilué (5%), révélant ainsi les interfaces kaolinite-muscovite. La figure IV.7 présente les photos des échantillons frittés en fonction du traitement thermique à différentes températures sous air entre 1150°C et 1350°C. La figure IV.8 montre les échantillons contenant Bi_2O_3, après des traitements thermiques variables.

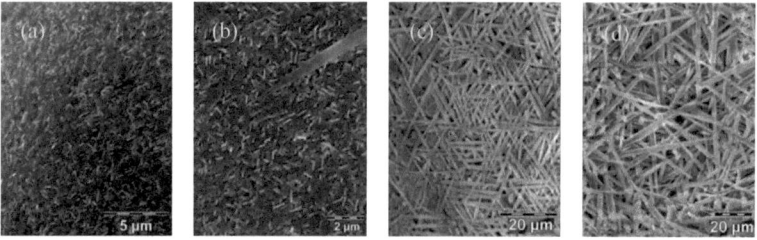

Figure IV.7 : Clichés de microscopie électronique à balayage des échantillons (kaolin Bip-muscovite) frittés à (a) 1200°C, (b) 1250°C, (c) 1300°C et (d) 1350°C

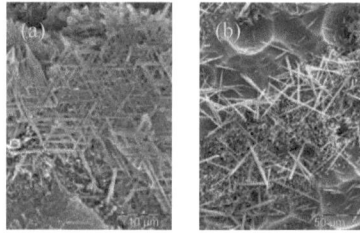

Figure IV.8 : Clichés de microscopie électronique à balayage des échantillons (kaolin Bip avec Bi_2O_3 - muscovite) frittés à (a) 1200°C et (b) 1250°C

Les figures IV.7 et IV.8 mettent en évidence l'évolution de la taille et de l'organisation des cristaux de mullite dans le plan des feuillets de la forme haute température de la muscovite. On voit que les directions préférentielles sont respectées lorsque la température de frittage n'excède pas 1300°C en l'absence de Bi_2O_3 et inférieures à 1250°C en présence de Bi_2O_3. Il est à noter que l'effet de la température est similaire sous atmosphère d'argon.

Les sections des échantillons (perpendiculaire au plan des feuillets) ont aussi été observées (figure IV.9). De façon générale, on constate l'évolution avec la température de frittage d'une macro-porosité qui disparaît au-dessus de 1250°C. Dans ce cas, l'empilement des couches est dense et très cohérent.

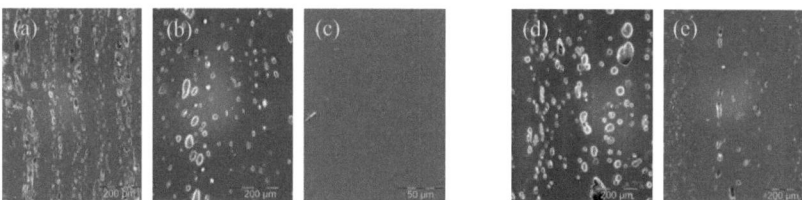

Figure IV.9 : Observations MEB des sections polies de nos matériaux (kaolin Bip-muscovite) frittés à 1225°C (a), 1250°C (b), 1275°C (c) et (kaolin Bip avec Bi_2O_3 - muscovite) frittés à 1200°C (d) et à 1250°C (e)

D'après les figures IV.7, IV.8 et IV.9, le nombre et la forme des cristaux de mullite sont optimisés tout en conservant un arrangement cohérent lorsque la température de frittage est entre 1250°C et 1300°C. La suite des expérimentations a été essentiellement réalisée dans cet intervalle de température.

Taille des cristaux de mullite

La longueur des cristaux de mullite a été mesurée par une méthode d'analyse d'images de microscopie électronique à balayage (Tableau IV.1). Cependant, il existe des variations de la taille de la mullite pour un même échantillon, qui est dues à des fluctuations locales de composition.

Les mesures des tailles des cristaux de mullite montrent que la formation de la mullite dans la muscovite est nettement favorisée par l'augmentation de la température. Au-dessus de 1140°C, il semble que la teneur en phase liquide soit le paramètre le plus influent.

Tableau IV.1 : Longueurs moyennes des cristaux de mullite (µm)

Kaolinite		Kaolinite + Bi_2O_3	
1225°C	6	1200°C	6
1250°C	20	1250°C	28
1275°C	52		

Forme des cristaux de mullite

a- Cas du Kaolin sans additif

Dans l'intervalle de température de frittage, entre 1250°C et 1300°C, on observe une augmentation de la longueur des cristaux de mullite avec la température. Une augmentation de 50°C augmente la taille par un facteur 10, pour atteindre une valeur moyenne de l'ordre de 52µm.

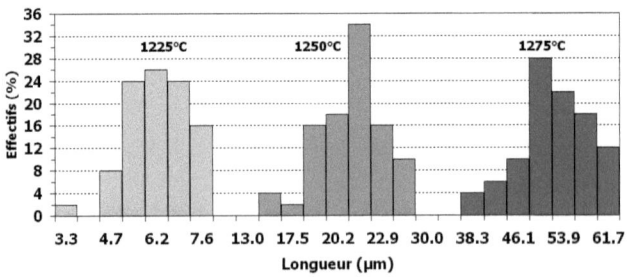

Figure IV.10 : Longueur des cristaux de mullite ; kaolin sans ajout

La figure IV.10, montre que les distributions des longueurs sont relativement homogènes et resserrées autour d'une valeur moyenne pour les trois valeurs de température. Simultanément, la largeur moyenne reste constante, soit 0,8µm, quelle que soit la température de frittage. Ceci confirme l'existence d'un phénomène de croissance privilégiée dans la direction [001] de la mullite.

b- Cas du Kaolin avec Bi_2O_3

Dans le cas de l'addition de petites quantités de Bi_2O_3 dans la suspension de kaolin, la figure IV.11 met en évidence la croissance accélérée des cristaux à plus basse température.

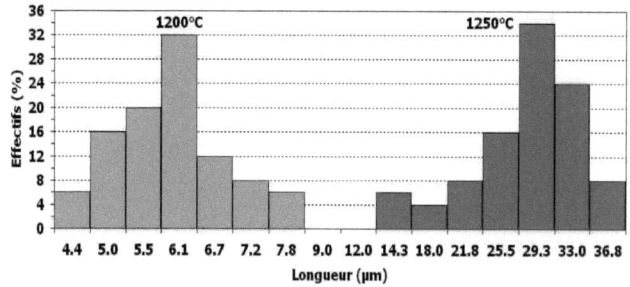

Figure IV.11 : Longueur des cristaux de mullite ; kaolin avec ajout de Bi_2O_3

On observe que les distributions de taille sont plus étalées autour de la valeur moyenne. La croissance lors de la montée en température semble être un processus influencé par des fluctuations de composition. Simultanément, on observe aussi que la largeur augmente significativement entre 1200°C et 1250°C, pour atteindre 1,1µm.

II.3.2. Optimisation de la température de frittage

II.3.2.1. Cas du kaolin sans additif

Les observations des microstructures sont réalisées sur des sections parallèles (ou proches) aux plans (001) (figures IV.7 et IV.8) et dans des coupes parallèles (ou proches) aux plans (010) (figure IV.9). Ces observations montrent l'organisation microstructurale des cristaux dans le plan des feuillets de muscovite. Pour les plus basses températures de frittage, 1150°C à 1225°C, la longueur des cristaux est trop courte pour permettre la formation d'un réseau interconnecté et dense (figure IV.8 a et b).

A 1250°C, l'aspect de la microstructure change puisque les cristaux de mullite sont généralement orientés selon les directions (010), (310) et ($\bar{3}$10). Leurs tailles restent néanmoins encore trop courtes pour former un réseau interconnecté. A 1275°C, la taille moyenne atteint 53µm et les cristaux forment un réseau bien interconnecté et dense tout en maintenant les orientations préférentielles (figure IV.12).

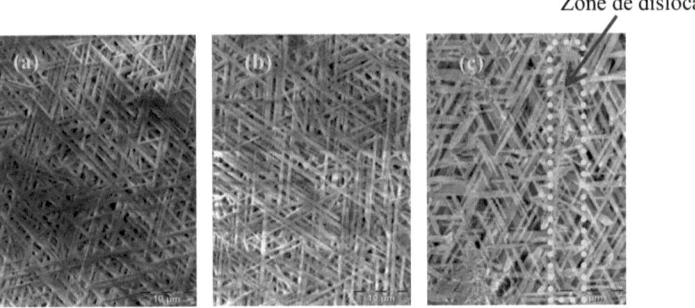

Figure IV.12 : Observations MEB d'un assemblage muscovite-kaolinite fritté à 1275°C (a, b) et à 1250°C (c).

La surface des feuillets de muscovite n'est pas toujours exempte d'imperfections en raison des défauts d'empilements des feuillets dus au processus de formation de la muscovite [13]. La microstructure de nos matériaux est modifiée localement, comme le montre la figure IV.12 (c). Néanmoins, l'organisation à l'échelle de la longueur des cristaux de mullite est maintenue, sans la formation de discontinuités préjudiciables aux propriétés mécaniques.

II.3.2.2. Cas du kaolin avec Bi_2O_3

Dans le cas des échantillons contenant Bi_2O_3 comme additif, on note que le degré d'organisation des cristaux diminue avec la température. A la plus basse température étudiée (<1200°C), les cristaux sont parfaitement orientés selon les trois directions de croissance et forment un réseau interconnecté. Mais à plus haute température (>1200°C), le degré d'organisation diminue rapidement. Cette variation est sous l'influence des phases présentes dans les diagrammes binaires Bi_2O_3-SiO_2 et Bi_2O_3-Al_2O_3, qui prévoient l'apparition d'un premier liquide vers 1000°C. La phase liquide a sûrement pour effet de favoriser la croissance des cristaux, notamment dans la direction de l'axe $\vec{c}$, mais l'augmentation de sa quantité entraîne la réduction du degré d'organisation, qui fait perdre au matériau les caractéristiques liées à la microstructure organisée.

II.4. Analyse de la texture d'un échantillon fritté

Un échantillon fritté a été réalisé par l'assemblage d'une couche de muscovite entre deux couches de kaolinite. La raison de cet assemblage élémentaire est d'éviter les désorientations cristallographiques entre les couches successives de muscovite. Le matériau a été fritté en utilisant la méthode décrite précédemment. La faible épaisseur de l'assemblage permet d'obtenir une microstructure dense et sans porosité.

La caractérisation de la texture utilise une méthode cristallographique et la technique expérimentale de diffraction des rayons X. Cette partie du travail à été réalisée grâce aux compétences du groupe de Cristallographie du laboratoire CRISMAT à Caen (Mr. Daniel Chateigner).

Le matériel utilisé est un diffractomètre HUBER équipé d'un goniomètre 2 cercles permettant d'orienter l'échantillon. Ce diffractomètre permet l'étude des échantillons à l'aide d'un détecteur INEL CPS 120 piloté par une branche 2θ qui peut atteindre 160°. La surface irradiée de l'échantillon est de l'ordre de quelques mm^2.

Une figure de pôle {hkl} représente la distribution des directions réciproques <hkl>*, perpendiculaires aux plans {hkl}, dans le système orthogonal de référence 100, 010, 001. Avec nos échantillons, l'axe 001 est normal à la surface du plan de base et au centre des figures de pôle. Le principe de la mesure consiste à enregistrer l'intensité diffractée par une famille de plans cristallographiques {hkl} donnée, dans toutes les directions de l'échantillon, en faisant varier les angles de tilt et d'azimut (χ φ). Ces variations enregistrées sur un diffractomètre constituent des figures de pôles. L'acquisition de plusieurs figures de pôles permet le calcul de la Fonction de Distribution des Orientations Cristallines (FDOC), qui fournit une description quantitative de la texture. Plusieurs méthodes mathématiques de calcul de la FDOC sont actuellement proposées dans la littérature.

II.4.1. Résultats et interprétation

Le tracé des 864 diagrammes mesurés pour les orientations (χ φ) de l'échantillon est présenté en figure VI.13. Les diagrammes du bas sont les diagrammes mesurés, ceux du haut résultent de l'affinement combiné texture-structure. La seule phase observée est la mullite. L'élargissement des raies de diffraction à haut χ provient de la défocalisation du faisceau.

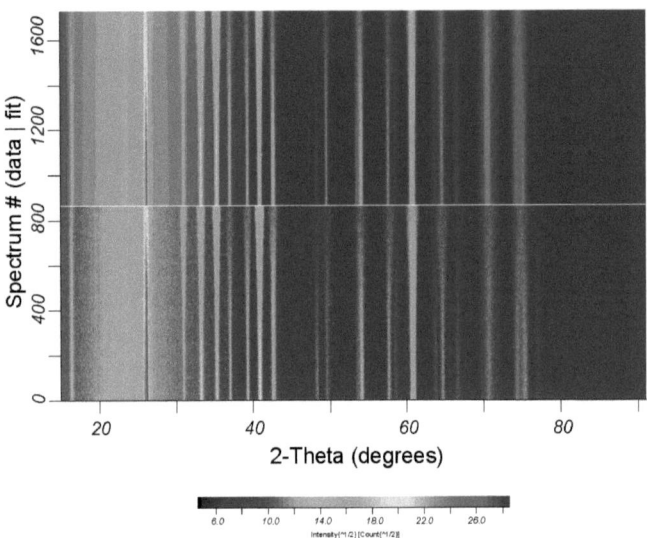

Figure VI.13 : Plot 2θ des 864 diagrammes expérimentaux en partie basse et affinements en partie haute.

La qualité des tracés des affinements des diagrammes expérimentaux est illustrée avec le plot de quelques diagrammes affinés, pris au hasard sur les 864 (figure IV.14). Ces résidus correspondent à un affinement correct, comme on le voit sur la figure IV.14. Les facteurs d'affinement sur l'ensemble des 864 diagrammes sont les suivants :

$\sigma = 1{,}33$

$R_w (\%) = 12{,}90$

$R_b (\%) = 10{,}28$

$R_{exp} (\%) = 9{,}66$

Les paramètres de maille et les erreurs absolues obtenus à partir des affinements sont :

$a = 7{,}5648\ (4{,}6602\text{E-}5)$ Å ; $b = 7{,}7104\ (5{,}0226\text{E-}5)$ Å et $c = 2{,}8905\ (1{,}4788\text{E-}5)$ Å

Chapitre IV : Frittage et propriétés thermiques des matériaux

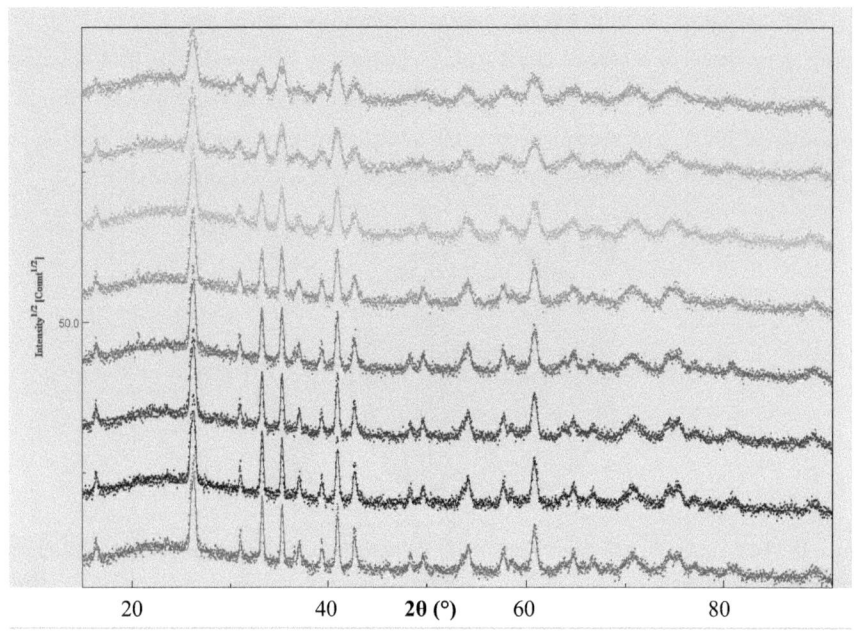

Figure IV.14 : Exemples d'affinements des diagrammes expérimentaux

Les figures de pôles pour les axes principaux de la mullite sont en figure IV.15. L'échantillon présente une texture comportant deux composantes. Une composante de type planaire avec des axes $\vec{c}$ orientés dans le plan de l'échantillon (cohérent avec l'axe long des fibres observées en images MEB), et une autre texture de type fibre avec les axes $\vec{a}$ comme axe de fibre, perpendiculaire au plan de l'échantillon. La texture est de force modérée, 1,8 mrd au max de la fibre, et un index de texture de 1,2 mrd².

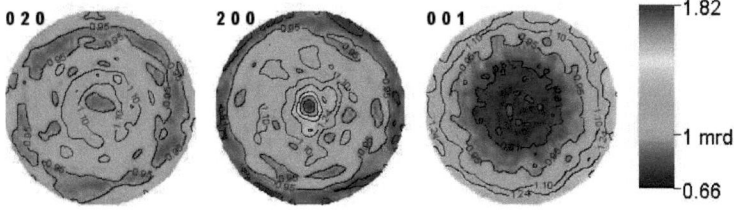

Figure IV.15 : Figures de pôles pour les axes {020}, {200} et {001} de la mullite

Sur ces figures de pôle, les intensités sont normalisées par rapport à la figure de pôles donnant un maximum de densité de distribution. En normalisant la figure de pôle {001} par rapport à l'intensité maximale de cette figure (figure IV.16), on observe la disparition de l'anneau de distribution sur {001}, pour la composante <100> fibre. On observa ainsi des orientations en plan, avec une périodicité de 60° environ, qui correspondent aux orientations des figures MEB.

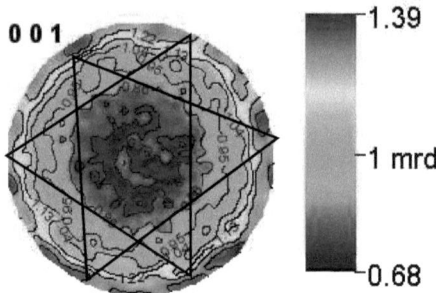

Figure IV. 16 : Figure de pôle pour l'axe {001} de la mullite, normalisée par rapport à l'intensité maximale de cette figure.

Les figures de pôle (figures IV.15 et IV.16) confirment les orientations préférentielles des cristallites de mullite, qui avaient été mises en évidence lors du chapitre III.

Cette partie du travail ajoute des informations supplémentaires sur la texture :
- Les orientations préférentielles des cristaux asciculaires de mullite sont conservées lors du frittage d'un échantillon multicouche ;
- Les cristaux de mullite sont orientés dans le plan, mais avec une préférence pour l'orientation des axes $\vec{a}$ perpendiculairement au plan de la muscovite. Il devrait être possible d'expliquer cette préférence en tenant compte des différences entre les paramètres a et b de la mullite, ainsi que de l'accord entre ces paramètres et les caractéristiques structurales de la surface de muscovite à haute température. Ce point pourra être éclairci dans la suite de ces travaux.

III. COMPORTEMENT THERMIQUE DES COMPOSITIONS SILICO-ALUMINATES CONTENANT Bi_2O_3

III.1. Méthodes expérimentales

Les poudres de mullite peuvent être préparées par co-précipitation de solutions de sels [2], par les méthodes sol-gels 1-5 [14], ou par la pyrolyse d'aérosols [15, 16, 17]. Dans cette partie de l'étude, la mullite a été synthétisée par une méthode de gélification à partir de TEOS $(C_2H_5O)_4Si$, nitrate d'aluminium $Al(NO_3)_3.9H_2O$ et de nitrate de bismuth $Bi(NO_3)_3.xH_2O$. Les nitrates d'aluminium et de bismuth ont été mis en solution aqueuse en présence d'acide nitrique à pH=4. Le TEOS a été mis en solution dans l'éthanol. Les solutions ont ensuite été mélangées et maintenues sous agitation à 60°C, la gélification ayant lieu après une période de 4 jours. Après séchage à 110°C, les gels ont ensuite été traités thermiquement à différentes températures.

Tableau IV.2 : Compositions des gels

Références	Stœchiométries
1	$3Al_2O_3 . 2SiO_2$
2	$3Al_2O_3 . 2(Si_{0,84}.Bi_{0,16}) O_2)$
3	$3(Al_{1,8}.Bi_{0,2})O_3. 2SiO_2$
4	$3Al_2O_3 . 2(Si_{0,7}.Bi_{0,3}) O_2)$
5	$3Al_2O_3 . 2SiO_2 + 5$ % mole Bi_2O_3
6	$3Al_2O_3 . 2SiO_2 + 20$ % mole Bi_2O_3
7	$3Al_2O_3 . 2SiO_2 + 40$ % moleBi_2O_3

Les stœchiométries des gels sont présentées dans le tableau IV.2 et reportées dans le diagramme ternaire SiO_2-Al_2O_3-Bi_2O_3 de la figure IV.17 qui met en évidence que l'ensemble des compositions sont placées sur ou au voisinage du diagramme pseudo-binaire Bi_2O_3-mullite (3/2) [18, 19, 20].

Dans cette partie de l'étude, les transformations structurales des compositions ont été étudiées par diffraction des rayons X et affinements Rietveld des diagrammes. Les transformations thermiques ont été caractérisées par analyse thermique différentielle sous air en utilisant une rampe constante de température de 10°C.min^{-1} et en utilisant l'alumine calcinée comme référence. Les lignes de base des courbes ATD ont été obtenues lors d'expérimentations préliminaires avec de l'alumine calcinée comme échantillon et en suivant des cycles thermiques identiques.

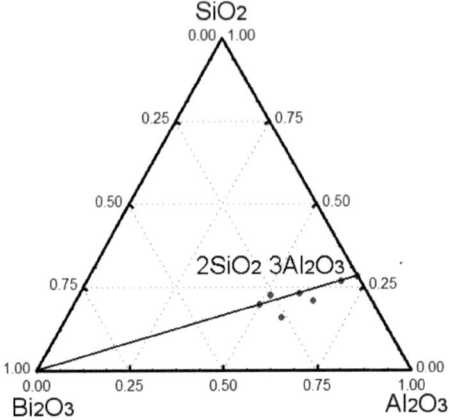

Figure IV.17: Compositions des gels (% masse) dans le diagramme ternaire SiO_2-Al_2O_3-Bi_2O_3

III.2. Résultats et discussion

III.2.1. Analyses Thermiques Différentielles

Les ATD des gels de mullite mettent en évidence des variations endothermiques à 550-650°C, qui sont dues au départ des groupements hydroxyles des macromolécules. A plus haute température, vers 980°C, on observe généralement un pic exothermique dû à la formation d'une phase de type spinelle Al-Si. Un deuxième phénomène exothermique est aussi observé vers 1200-1250°C, qui met en évidence un autre phénomène de recristallisation, qui pourrait être due à la formation de la mullite ou de la cristobalite [21, 22].

Les courbes ATD des échantillons contenant Bi_2O_3 (réf. 4, 5, 6, 7 dans le tableau IV.2) ont été réalisées après un premier traitement thermique des gels à 500°C pendant une heure afin d'éliminer les espèces volatiles dues aux composés de départ.

La courbe ATD de l'échantillon 4 montre quatre phénomènes exothermiques en figure IV.18, à 530°C, 892°C, 958°C et 1044°C.

Avec l'échantillon 5, la courbe ATD de la figure IV.18 montre trois phénomènes exothermiques à 530°C, 905°C, 971°C et un quatrième entre 1000°C et 1100°C. La différence entre les courbes ATD des échantillons 4 et 5 est dans la position et l'intensité des principaux phénomènes. Avec l'échantillon 5, le processus de recristallisation est plus accentué et a lieu à plus haute température.

L'échantillon 6 (figure IV.18) ne révèle que trois phénomènes exothermiques à 526°C, 885°C et 1210°C, alors qu'un phénomène très limité est observé à 730°C.

Avec l'échantillon 7, la courbe de la figure IV.18 montre deux phénomènes endothermiques à 725 et 875°C et deux phénomènes exothermiques à 815 et 1293°C. Le comportement thermique de cet échantillon contenant un taux de Bi_2O_3 très élevé peut être en relation avec la transition de l'oxyde de bismuth entre la phase α (monoclinique) et la phase δ (cubique face centrée), qui a lieu entre 705 et 790°C. Le large intervalle de température qui est enregistré pour cet échantillon est en relation avec le degré de pureté de Bi_2O_3 et la température de fusion est à 840°C [23].

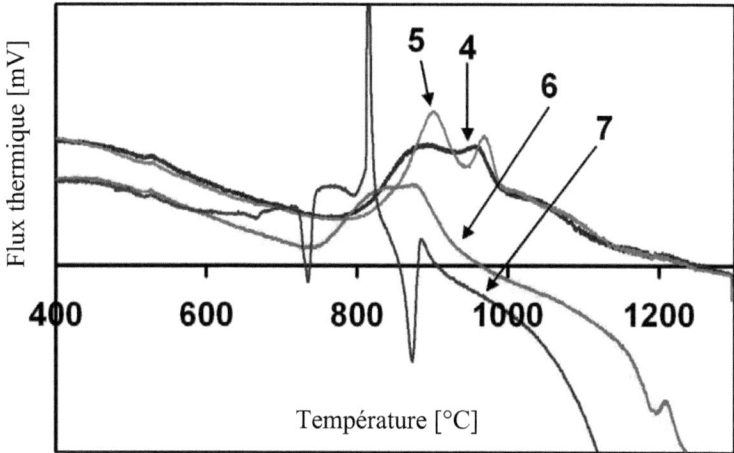

Figure IV.18 : ATD des échantillons 4, 5, 6, 7 après traitement thermique préalable à 500°C.

La mullite issue de l'échantillon 1 a un comportement thermique typique de celui des composés décrits dans la littérature, en montrant un phénomène exothermique très accentué à 980°C qui est en relation avec la recristallisation de la mullite 3/2. En comparaison, les compositions des gels contenant plus de 5% en mole de Bi_2O_3 montrent un comportement beaucoup plus complexe.

La comparaison des courbes des échantillons 4 ($3Al_2O_3.2(Si_{0,7}.Bi_{0,3})O_2$)) et 5 (mullite, 5% mole Bi_2O_3) révèle une différence significative de l'intensité des deux pics exothermiques principaux. Par contre, l'échantillon 6 (mullite, 20% mole Bi_2O_3) montre seulement une variation exothermique progressive dans un intervalle de température plus bas. Les deux variations à 730 et 885°C sont probablement en relation avec la transition et la fusion de l'oxyde de bismuth. L'échantillon 7 (mullite, 40% mole Bi_2O_3) montre trois pics exothermiques (735, 815, 875°C) qui sont très probablement associés aux transitions et à la fusion de l'oxyde et des composés de bismuth. Les pics exothermiques à haute température des composés 6 (1210°C) et 7 (1193°C) sont dus à la transformation de la phase de type spinelle Al-Si en une autre phase stable à cette température.

III.2.2. Caractérisations structurales par diffraction des rayons X

Une première approche a abouti à la caractérisation des gels de composition 1, 2 et 3 du tableau IV.2 après séchage et cuisson à 1350°C pendant trois heures. Ce processus préliminaire a stabilisé les phases formées à cette température pour permettre leur caractérisation structurale de façon reproductible. L'affinement des diagrammes de diffraction des rayons X par analyses Rietveld aboutit à la reconnaissance de la mullite $3Al_2O_3.2SiO_2$ dans le cas des trois compositions, sans que des quantités détectables d'autres phases ne soient observées. Quand la teneur en Bi_2O_3 augmente, de la composition 1 à la composition 3, on observe une augmentation significative de la concavité de la ligne de base, ce qui met en évidence la teneur croissante en phase amorphe.

Pour observer en détail les transformations des compositions 4, 5 et 6, celles-ci ont été analysées par diffraction des rayons X après un traitement thermique aux températures de début et de fin de pics des courbes ATD de la figure IV.18. L'ensemble des cycles thermiques utilisés est décrit dans le tableau IV.3 à la suite desquels les échantillons ont été trempés à l'air pour maintenir un état métastable voisin de la température de traitement thermique.

Tableau IV.3 : Températures des traitements thermiques des échantillons 4, 5, 6, 7

Echantillon	Température
4	1000°C, 1100°C
5	1000°C, 1100°C
6	1000°C, 1100°C, 1250°C
7	770°C, 845°C, 930°C, 1200°C

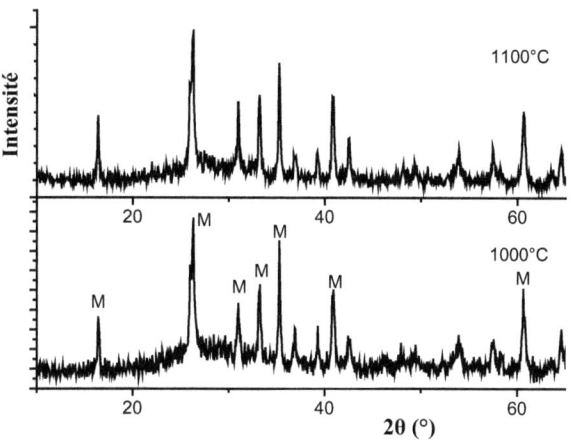

Figure IV.19 : Diagrammes de diffraction des rayons X de l'échantillon 4 (3Al$_2$O$_3$. 2(Si$_{0,7}$.Bi$_{0,3}$) O$_2$) après trempe depuis 1000°C et 1100°C ; (M-mullite)

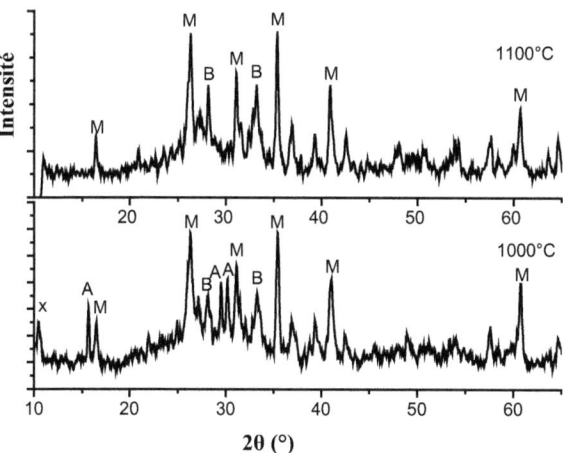

Figure IV.20 : Diagrammes de diffraction des rayons X de l'échantillon 5 (5% mole Bi$_2$O$_3$) après trempe depuis 1000 et 1100°C ; (M-mullite, A-aluminate de bismuth, B-silicate de bismuth, X-nouvelle phase)

Chapitre IV : Frittage et propriétés thermiques des matériaux

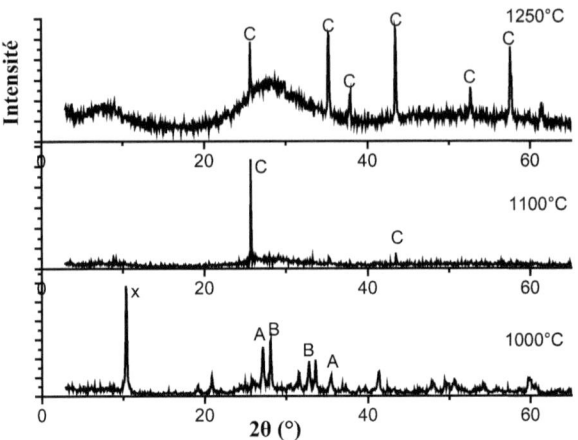

Figure IV.21 : Diagrammes de diffraction des rayons X de l'échantillon 6 contenant 18 % masse Bi_2O_3, après trempe depuis 1000°C, 1100°C et 1250°C ; (A-aluminate de bismuth, B-silicate de bismuth, X-nouvelle phase, C-corindon)

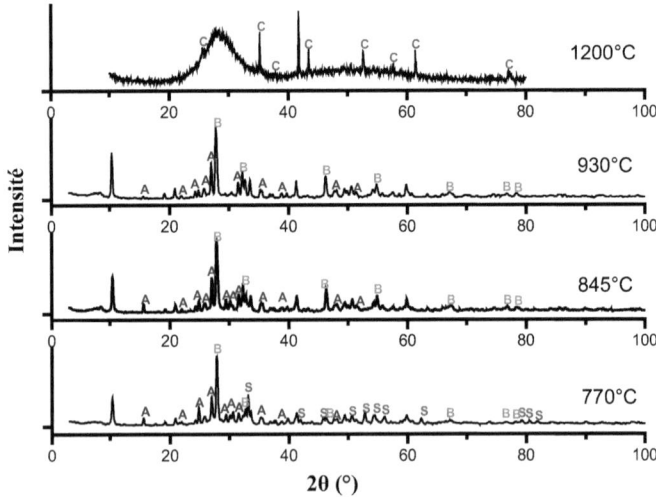

Figure IV.22 : Diagrammes de diffraction des rayons X de l'échantillon 7 contenant 40% masse Bi_2O_3, après trempe dans l'intervalle 770-1250°C ; (A-aluminate de bismuth, B-silicate de bismuth, X-nouvelle phase, C-corindon, S-sillenite)

Les diagrammes de diffraction des rayons X de l'échantillon 4 contenant 5% massique de Bi_2O_3 et après trempe depuis 1000°C et 1100°C sont présentés dans la figure IV.19. On remarque que seule la mullite est présente en quantité importante.

La figure IV.20 montre les diagrammes de diffraction des rayons X de l'échantillon 5 contenant 26% massique de Bi_2O_3 après trempe depuis 1000°C et 1100°C. A 1000°C, les pics des phases mullite, silicate de bismuth et aluminate de bismuth sont clairement visibles. Plus précisément, les phases identifiées sont la mullite $Al_2(Al_{2.8}Si_{1.2})O_{9.54}$ (diagramme n° 01-084-1205), la phase cubique silicate de bismuth $Bi_{12}Si_{0.87}O_{20}$ (diagramme n° 01-084-0090) et l'aluminate de bismuth $Al_4Bi_2O_9$ (diagramme n°00-025-1048). A 1100°C, la transformation des positions et hauteurs des pics montre que la phase aluminate de bismuth disparaît et que la quantité de silicate de bismuth augmente relativement à la quantité de mullite. La concavité très marquée de la ligne de base de ces deux diagrammes révèle la présence de phase liquide à ces deux températures. De façon équivalente, la variation endothermique de la courbe d'ATD au-dessus de 958°C (figure IV.18) pourrait être due à la formation d'un liquide.

Sur la figure IV.21, l'échantillon 6 contenant 18% massique de Bi_2O_3 et chauffé à 1000°C montre des pics de la phase silicate de bismuth. Simultanément, une nouvelle phase est identifiée par un grand pic à 10,44° (2θ). Cette nouvelle phase est aussi présente dans l'échantillon 4 à 1000°C et dans tous les échantillons qui contiennent plus de 5% massique et traités en dessous de 1100°C. La stœchiométrie de cette phase est probablement proche de celle d'un composé du type Aluminium Silicium Bismuth oxyde, mais des investigations supplémentaires seront nécessaires pour préciser ses caractéristiques structurales. La concavité de la ligne de base de l'échantillon 5 à 1000°C met en évidence l'existence d'une phase liquide. Cette observation peut être corrélée avec la variation endothermique, dès 885°C, de la courbe ATD de la figure IV.18.

L'échantillon 6 (figure IV.21), lorsqu'il est chauffé à 1100°C et 1250°C forme progressivement une nouvelle phase avec des pics très accentués sur les diagrammes de diffraction des rayons X. Cette phase a des caractéristiques structurales très proches de celles du corindon (diagramme n° 00-010-0173). La structure de cette phase à été affinée après un traitement thermique de 14h à 1200°C et en analysant un gros monocristal isolé (~200µm).

Les caractéristiques structurales sont : système hexagonal (rhomboédrique, R-3C ou R3C) ; $a = 4,735$ Å ; $b = 4,735$ Å ; $c = 12,941$ Å ; $\alpha = 90°$; $\beta = 90°$ et $\gamma = 120°$. Ces données sont très similaires à celles du corindon (α-Al_2O_3).

L'échantillon 7 (figure IV.22) contenant le taux le plus élevé de Bi_2O_3 (30% massique) et après chauffage à 770°C montre des pics relatifs au silicate de bismuth, aluminium silicium oxyde et un silicate de bismuth (sillenite $Bi_{12}SiO_{20}$, diagramme n°00-037-085). Après chauffage à 845°C et à 930°C, les pics de la phase sillenite disparaissent alors que les pics du silicate de bismuth et de l'aluminate de bismuth apparaissent. A 1200°C, les pics d'une phase très similaire au corindon et déjà observé dans l'échantillon 6, sont clairement détectés. Le pic significatif à 10,44° (2θ) est aussi observé avec l'échantillon 7 à 770°C, 845°C et 930°C, comme dans le cas de l'échantillon 6.

A partir de ces expérimentations, l'existence d'une phase liquide au-dessus de 930°C est mise en évidence. Ceci est aussi corrélé avec la variation endothermique accentuée sur la courbe ATD de la figure IV.18, au voisinage de 900°C.

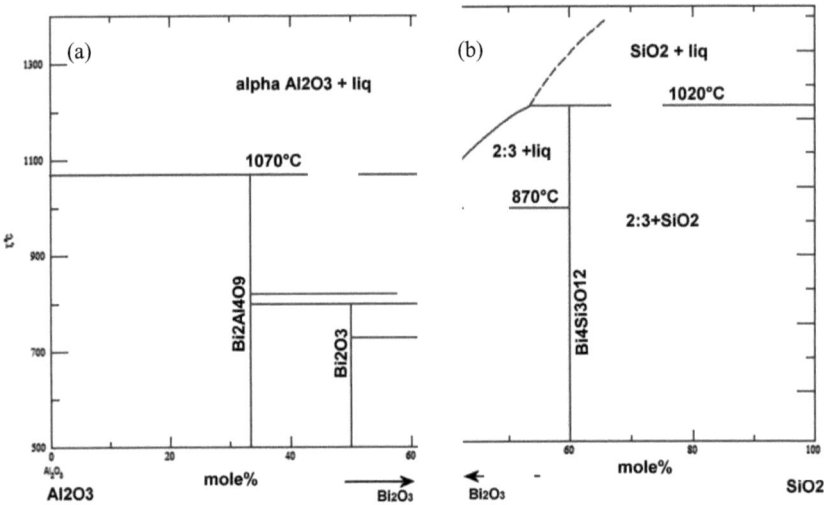

Figure IV.23 : Diagrammes binaires du système $SiO_2–Al_2O_3–Bi_2O_3$

III.3. Diagramme ternaire du système $SiO_2 - Al_2O_3 - Bi_2O_3$

La littérature est très peu prolixe en ce qui concerne les informations relatives au système ternaire $SiO_2 - Al_2O_3 - Bi_2O_3$. On y trouve surtout la représentation des systèmes binaires $Al_2O_3 - SiO_2$ [19], $Al_2O_3-Bi_2O_3$ [18], $Bi_2O_3 - SiO_2$ [20]. Ces diagrammes sont reportés dans la figure IV.23 (a, b), lorsque le taux de Bi_2O_3 est faible.

Le diagramme $Al_2O_3 - Bi_2O_3$ révèle la présence de la phase $Al_4Bi_2O_9$ qui à été observée dans les compositions 6 et 7 contenant 20 et 40% molaire de Bi_2O_3. Simultanément, la partie riche en alumine indique l'existence d'un premier liquide à 1070°C. Cette température est très similaire à la valeur expérimentale d'apparition d'un liquide dans les compositions 4, 5, 6 et 7 (figures IV.19-22).

Le système $Bi_2O_3 - SiO_2$ est différent en ce qui concerne les phases présentes puisqu'il contient la phase $Bi_4Si_3O_{12}$ qui diffère de la phase $Bi_{12}Si_{0.87}O_{20}$ qui a été détectée dans les échantillons 6 et 7 à 1000°C et à 1100°C. Néanmoins, le diagramme indique l'existence d'un premier liquide à 1020°C, ce qui est très similaire aux températures observées avec nos échantillons.

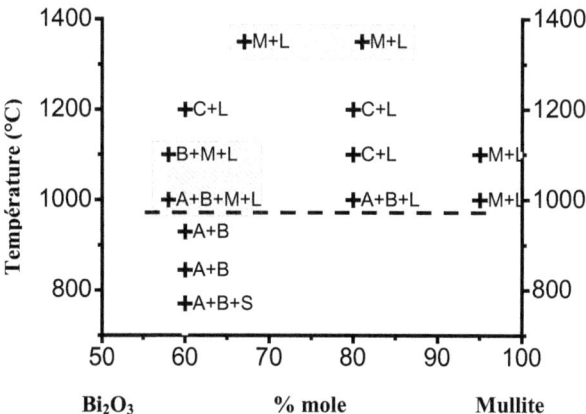

Figure IV.24 : Diagramme pseudo-binaire Bi_2O_3 – mullite; B – Silicate de bismuth; A– Aluminate de bismuth ; S – Sillenite; M – Mullite; C – Corindon

Une première version du diagramme pseudo-binaire mullite-Bi_2O_3 est présentée dans la figure IV.24. La température du premier liquide est située un peu en dessous de 1000°C, dès que la teneur en Bi_2O_3 excède 5% massique. Au-dessus de 1100°C, le corindon coexiste avec un liquide et ce comportement est aussi observé dans le diagramme binaire Al_2O_3-Bi_2O_3 au-dessus de 1070°C. Pour des taux de Bi_2O_3 faibles (échantillons 2, 3 et 4), les phases recristallisées sont différentes puisque la mullite coexiste avec un liquide au-dessus de 1000°C. Ces compositions sont représentées dans les zones ombrées du diagramme de la figure IV.24. Néanmoins, l'intervalle de température d'apparition du premier liquide semble être toujours un peu en dessous de 1000°C.

III.4. Formation de la mullite dans les composés phyllosilicatés contenant Bi_2O_3

Cette partie de l'étude est relative au rôle de l'ajout de Bi_2O_3 sur la formation de la mullite dans les composés kaolinite-muscovite. Dans les matériaux, Bi_2O_3 a été ajouté sous la forme d'un dépôt fin en surface des feuillets de muscovite en utilisant une solution aqueuse de nitrate de bismuth, avant l'assemblage alterné de la muscovite avec la kaolinite. La teneur relative de Bi_2O_3 par rapport à la teneur en mullite formée après frittage, est proche de 5% molaire. Cette teneur est relativement faible en comparaison des teneurs élevées en Bi_2O_3 qui ont été utilisées dans les compositions 2-4 et 6-7 du tableau IV.2. En plus, cette étude a montré que lorsque la quantité de bismuth excède 5%, la phase majoritaire formée n'est pas principalement la mullite. Néanmoins, on peut supposer que des concentrations locales beaucoup plus élevées existent aux interfaces des cristaux en cours de grossissement. Dans ces zones, les interactions entre phases sont très probablement décrites par le diagramme de la figure IV.24, notamment lorsque la teneur en Bi_2O_3 est élevée, et cela doit favoriser l'existence transitoire d'un liquide aux interfaces.

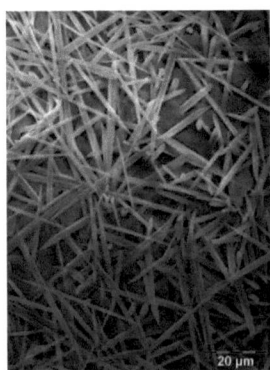

Figure IV.25 : Microstructure à l'interface Muscovite-kaolinite avec 5% mole de Bi_2O_3

A l'interface kaolinite-muscovite après frittage à 1250°C, l'observation par microscopie électronique à balayage met en évidence l'accentuation de la recristallisation de la mullite en présence de Bi_2O_3. La figure IV.25 montre la microstructure de l'interface des minéraux avec des cristaux de forme particulièrement anisotrope et pouvant atteindre 30µm de longueur.

Dans ces matériaux, la diffraction des rayons X ne permet pas de détecter de phases autres que la mullite, malgré l'existence des phases dues à l'interaction de Bi_2O_3 avec la silice et l'alumine (figure IV.24). Il semble bien que des concentrations élevées à l'échelle locale peuvent exister aux interfaces des cristaux, à l'échelle macroscopique le système revient rapidement à un état d'équilibre correspondant à une faible teneur globale en Bi_2O_3. Dans ce cas, la mullite 3/2 est la phase majoritairement détectée après refroidissement comme dans le cas des compositions 1, 2 et 3 du tableau IV.2.

Le point essentiel de ces résultats est le rôle accélérateur du grossissement de la mullite et ceci à relativement basse température.

IV. CARACTERISATIONS MECANIQUES

Elles seront déterminées (après polissage des échantillons) de deux façons : par flexion trois points et indentation Vickers pour caractériser la ténacité.

IV.1. Caractérisation par flexion 3 points

L'essai de flexion 3 points permet d'obtenir les valeurs de résistance mécanique ainsi que du module d'Young, après correction de la déformation de l'équipement de mesure.

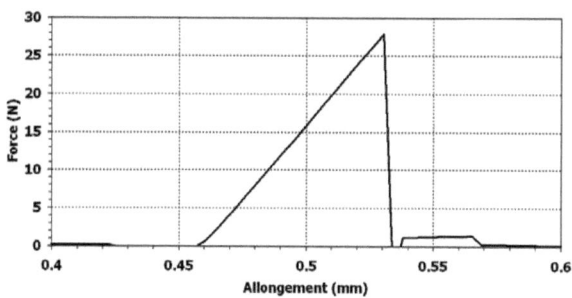

Figure IV.26 : Courbe type force - allongement des composites frittés

Lors de tous les essais réalisés, la pente de la courbe force - allongement (figure IV.26) est quasiment rectiligne, ce qui suggère un mode de propagation des fissures dans un matériau supposé homogène. La taille des échantillons est d'environ 30mm de longueur, 10mm de largeur et de 1,5 à 2mm d'épaisseur selon le nombre de couches réalisées. Le nombre d'essais réalisés sur les matériaux préparés avec du kaolin sans ajout est de l'ordre de 10 pour chaque point étudié et il est de l'ordre de 5 lorsque l'oxyde de bismuth est ajouté à la suspension de la kaolinite.

Les résultats de module d'élasticité et de résistance mécanique en fonction de la température de frittage et des ajouts sont reportés respectivement en figure IV.27a et IV.27b. Un essai comparatif a également été effectué sur une éprouvette d'alumine de dimension similaire.

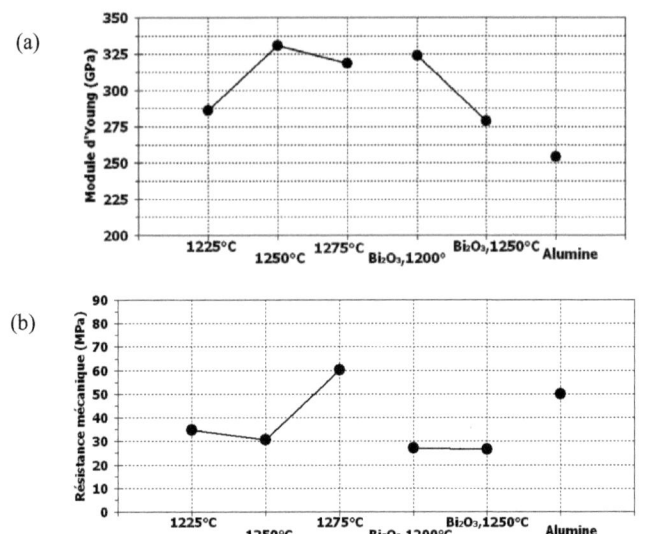

Figure IV.27 : (a) Module d'Young; (b) résistance mécanique par flexion 3 points

On remarque ainsi que le module d'élasticité de l'alumine est plus faible que celui de nos matériaux mais reste dans un intervalle de valeurs proches de celui annoncé par la littérature (250-300GPa). La valeur de résistance mécanique de l'alumine est similaire à celle de nos matériaux.

IV.2. Essai d'indentation Vickers

IV.2.1. Approche théorique

Cette technique également appelée "Indentation Fracture" (IF) consiste en l'application d'un indenteur de géométrie particulière connue sur la surface parfaitement polie du matériau, avec un certain temps de maintien. Lors du déchargement, la présence d'un champ de déformations élasto-plastique dans la zone de contact conduit à la propagation de fissures en surface (radiales et latérales) et en profondeur (médianes) [24]. Considérant le rapport entre l'aire réelle de contact et la charge appliquée, dans un premier temps on caractérise le matériau par un paramètre relatif à la dureté [25].

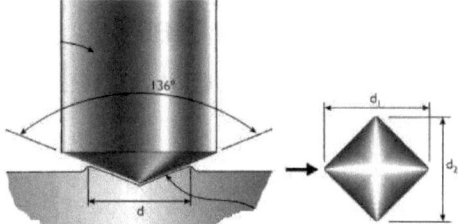

Figure IV.28 : Schéma représentatif d'un indenteur de type Vickers

Cette étude a été effectuée en utilisant un indenteur de type Vickers (figure IV.28), c'est-à-dire un diamant de forme pyramidale à base carrée, de demi-angle aux sommets entre les arêtes de $\xi=74°$ et de demi-angle aux sommets entre les faces de $\psi=68°$. Le nombre d'essais d'indentation est d'environ 30 essais pour chaque point.

La dureté Vickers H_V est reliée à la valeur moyenne d (µm) des diagonales de l'empreinte et à la charge P (g) par la relation :

$$H_V = \frac{P}{A_{réelle}} = \frac{P.2.\sin(\psi)}{d^2} = 1,8544 \frac{P}{d^2} \tag{IV.1}$$

Selon la charge et le matériau, la propagation peut-être de type purement latéral (Palmqvist), ou de type médian (figure IV.29).

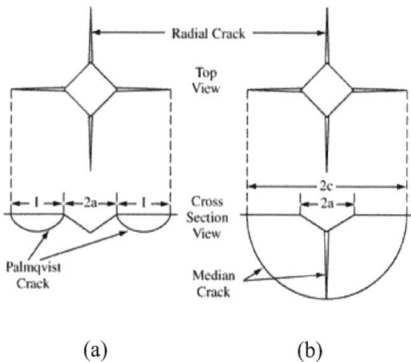

(a) (b)

Figure IV.29 : Mode de fissuration: (a) latéral; (b) médian

De nombreux auteurs [26, 27, 28] ont proposé plusieurs équations permettant de calculer en fonction de la longueur des fissures la valeur critique du coefficient d'intensité de contraintes K_{IC}. Bien que ces relations soient empiriques et fortement dépendantes du matériau à caractériser et de la charge appliquée, elles sont largement admises et utilisées.

Niihara [29] a postulé que la valeur du rapport c/a détermine le mode de fissuration. Si $c/a < 2,5$, alors la fissuration est de type Palmqvist, sinon elle est de type médian.

Un certain nombre d'équations de ténacité relevées dans la littérature [30] ont été utilisées, pour tester leur validité dans le domaine de mesure déterminé par la forme de nos matériaux.

Une observation sur la section de l'indentation (figure IV.30) a permis de déterminer le mode de fissuration du composite. Il s'agit d'une fissuration de type Palmqvist. Ce que confirme le calcul du rapport c/a puisqu'il est compris entre 1,95 et 2,4 avec tous les échantillons testés.

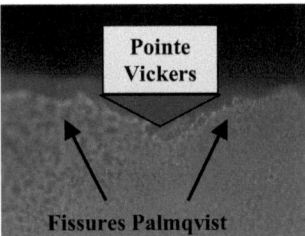

Figure IV.30 : Indentation vue suivant la section

Ces observations permettent de choisir l'équation à utiliser pour le calcul de la ténacité, à partir du module d'élasticité E, de la dureté Vickers H_V, de la charge P (g) et du paramètre c (µm), qui est la demi-distance entre les deux extrémités opposées des fissures.

$$K_{IC} = 0,016 \times (\frac{E}{H_V})^{0,5} \times P \times c^{-1,5} \qquad (IV.2)$$

Les valeurs du module d'Young utilisées dans l'équation IV.2 sont les valeurs relatives aux matériaux testés dans le paragraphe IV.1.

IV.2.2. Choix des paramètres de mesure de la ténacité

Il convient dans un premier temps de déterminer la charge et le temps de maintien conduisant à une fissuration observable et reproductible pour le matériau étudié [31, 32].

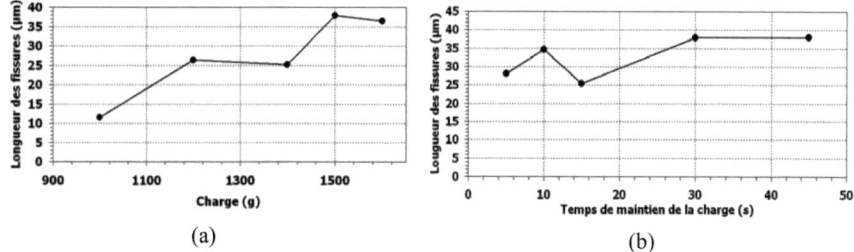

Figure IV.31 : (a) Evolution de la longueur des fissures en fonction de la charge et (b) Evolution de la longueur des fissures en fonction du temps de maintien pour $P=1500g$

De nombreuses combinaisons des deux paramètres de réglage ont été testées (figure IV.31 a et b). L'évolution de la longueur des fissures montre un maximum qui se stabilise pour une charge de 1500g, quel que soit le temps de maintien.

Avec une charge fixe, un temps de 30 secondes ou plus de maintien de la charge, on obtient une longueur de fissure constante. Une évolution similaire est observée pour la diagonale de l'empreinte, qui est le second paramètre de mesure et donc de calcul. En conséquence, l'indenteur sera réglé avec une charge de 1500g et un temps de maintien de 30 secondes, pour être dans des conditions d'observabilité optimale et représentative du matériau.

La figure IV.32 représente une empreinte d'indentation, réalisée sur la surface polie du matériau.

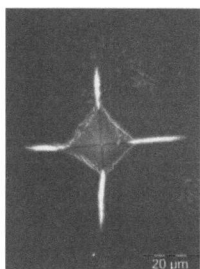

Figure IV.32 : Indentation sous 1500g pendant 30 secondes

Des essais d'indentation n'ont pu être menés sur les échantillons contenant Bi_2O_3 et frittés à 1200°C en raison de la porosité trop importante du matériau, ne permettant pas d'obtenir des empreintes mesurables et donc de calculer des valeurs réalistes de propriétés mécaniques. En raison de la valeur élevée de ténacité de l'alumine (4,5Mpa $\sqrt{m}$) et des possibilités de l'indenteur, il n'a pas été fait de test comparatif. D'après la littérature, la dureté Vickers H_V de l'alumine est inférieure à celle de nos matériaux (1800 à 2000 H_V).

IV.3. Résultats et interprétations

IV.3.1. Relation entre microstructure et propriétés mécaniques

IV.3.1.1. Matériaux contenant du kaolin sans ajout

Le matériau composite le plus dense et dont l'organisation microstructurale est la mieux orientée présente la valeur de rigidité la plus élevée (E=325GPa). La valeur maximale de résistance mécanique en flexion atteint une valeur de 60MPa.

La figure IV.33, confirme que le module d'élasticité augmente avec la taille des cristaux de mullite.

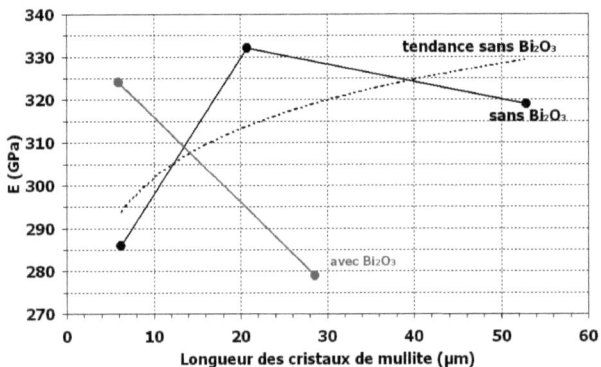

Figure IV.33 : Module d'élasticité en fonction de la longueur des cristaux

A une échelle locale, on montre que cette tendance est aussi mise en évidence par les mesures de micro-indentation Vickers (figure IV.34) puisque la ténacité croît de 0,93MPa.$\sqrt{m}$ à 1,37 MPa.$\sqrt{m}$ entre 1225°C et 1275°C. Ceci traduit bien le fait qu'un réseau dense de cristaux renforce le matériau, malgré la présence de la phase amorphe. On note que la valeur de dureté Vickers quadruple, pour atteindre 4800H_V lorsque la température de frittage est de 1275°C.

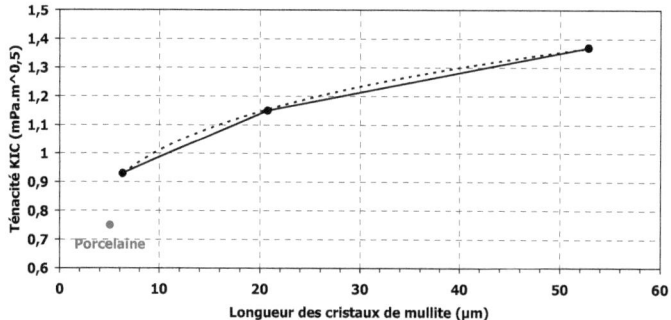

Figure IV.34 : K_{IC} en fonction de la longueur des cristaux

Sur la figure IV.34 est reportée la valeur de ténacité (0,7MPa.$\sqrt{m}$) de l'échantillon de porcelaine en fonction de la taille des cristaux de mullite puisque ce matériau est aussi un micro-composite de mullite dans une phase peu organisée structuralement. En comparaison, on remarque que la valeur de ténacité de nos matériaux est doublée.

IV.3.1.2. Matériaux contenant du kaolin avec Bi_2O_3

Lorsque la température de frittage croît jusqu'à 1250°C, les échantillons contenant Bi_2O_3 ont une microstructure peu organisée. Ceci se traduit par la diminution du module d'Young (figure IV.33) de 324GPa à 279GPa entre 1200°C et 1250°C. A 1200°C, les cristaux de mullite sont relativement petits mais l'organisation microstructurale est élevée. Ceci indique que l'arrangement microstructural est un paramètre prédominant.

IV.3.2. Rôle de Bi_2O_3 sur la microstructure et les propriétés mécaniques

IV.3.2.1. Rôle de Bi_2O_3 sur la taille des cristaux

Avec des ajouts de Bi_2O_3, à la plus basse température de frittage étudiée (1250°C), la longueur des cristaux atteint 6µm. Cette valeur est similaire à celle obtenue avec l'échantillon sans ajout, mais à une température inférieure de 25°C (figure IV.35).

Comparativement à l'échantillon standard sans ajout mais fritté à la même température de 1250°C, les cristaux du matériau contenant Bi_2O_3 sont légèrement plus longs (10µm) mais restent tout aussi larges. Enfin, ils demeurent deux fois plus petits que ceux des assemblages sans ajout frittée à 25°C plus haut.

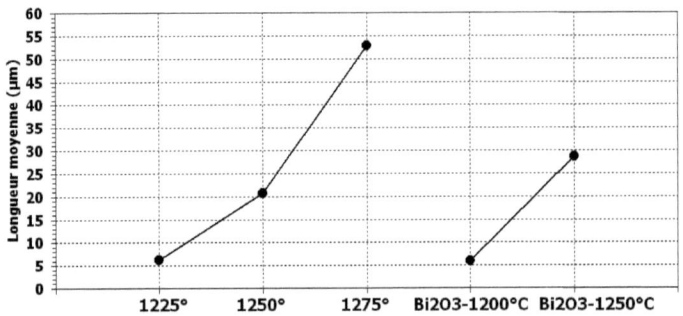

Figure IV.35 : Longueur des cristaux pour chaque type d'échantillon

En raison du fluage trop accentué avec les échantillons contenant Bi$_2$O$_3$, l'étude n'a pu être menée lors d'un frittage supérieur à 1250°C.

Il est important de noter qu'en ajoutant Bi$_2$O$_3$ au composé, la distribution en taille des cristaux s'étend sur un plus grand intervalle. Ceci peut être mis en relation avec la diminution de l'organisation, ce qui influe sur les propriétés mécaniques et notamment la rigidité qui diminue. En conséquence, l'utilisation de Bi$_2$O$_3$ comme accélérateur de croissance des cristaux de mullite à plus faible température est bien mise en évidence. Mais il favorise la formation de cristaux plus larges de mullite.

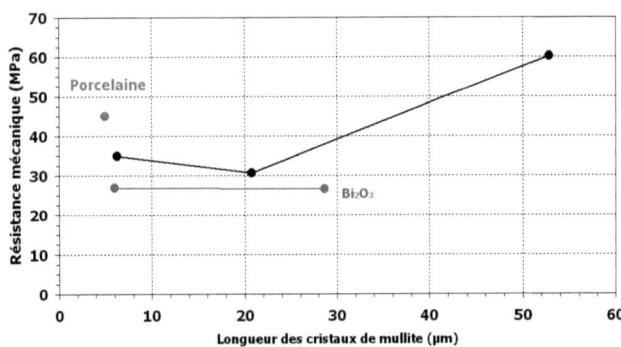

Figure IV.36 : Résistance mécanique en fonction de la longueur des cristaux de mullite

IV.3.2.2. Rôle de Bi_2O_3 sur les propriétés mécaniques

De façon générale, les matériaux sans ajout voient leur résistance mécanique augmentée avec la longueur des cristaux de mullite. La valeur de résistance mécanique atteint 60MPa à 1275°C, ce qui est supérieur à celle de la porcelaine (45MPa), considérée comme un composite de mullite.

En ce qui concerne les matériaux contenant Bi_2O_3, l'allongement des cristaux est favorisé et la ténacité est augmentée (1,45MPa.$\sqrt{m}$). Mais en raison de la porosité plus importante et d'une diminution de l'organisation microstructurale, le module d'Young et la résistance mécanique (figure IV.36) diminuent par rapport aux matériaux sans ajout.

V. CONCLUSION

Le chapitre IV montre qu'il est possible de réaliser des matériaux à partir des composés minéraux, kaolinite et muscovite, étudiés dans les chapitres précédents.

Les matériaux sont des assemblages de phyllosilicates sous la forme de couches alternées. Leur mise en forme a nécessité l'optimisation d'une méthode spécifique qui utilise l'assemblage de feuillets de muscovite et d'un dépôt d'épaisseur contrôlé à partir d'une suspension de kaolin. Les matériaux obtenus ont des caractérisations géométriques bien précises, ce qui a permis l'obtention des matériaux frittés utilisables pour les caractérisations mécaniques.

Le frittage de ces assemblages est une étape qui a nécessité un grand nombre d'expérimentations afin d'obtenir des matériaux denses dont la microstructure présente les caractéristiques recherchées, et notamment la formation d'un réseau interconnecté de cristaux de mullite dans les plans des feuillets initiaux. Dans ce but, nous avons dû optimiser à la fois le cycle thermique de frittage et de pression uni-axiale exercée sur l'échantillon, en fonction de la température et du temps.

Pendant le frittage, la croissance organisée des cristaux de mullite est fortement influencée par la présence d'une petite quantité de phase liquide localisée aux interfaces. Dans ce cas, les cristaux de mullite croissent préférentiellement en suivant l'axe $\vec{c}$, c'est à dire dans le sens de leur longueur.

Pour favoriser ce processus, nous avons étudié l'influence de petite quantité de Bi_2O_3 qui, en association avec les phases silico-aluminates forment un liquide vers 1000°C. Ce processus a d'abord été étudié avec des composés SiO_2-Al_2O_3-Bi_2O_3 pour préciser leurs transformations en fonction de la température et ensuite nous avons observé le comportement lors du frittage d'assemblage kaolinite-muscovite contenant Bi_2O_3. Dans ce cas, on observe ainsi un abaissement significatif de l'intervalle de température dans lequel la vitesse de croissance de la mullite est élevée. Néanmoins, il semble que la formation d'hétérogénéités de composition localisées aux interfaces favorise la diminution du degré d'organisation de la microstructure.

La maîtrise des procédés de mise en forme et de frittage, ainsi que l'optimisation des compositions permet d'obtenir des matériaux ayant des propriétés mécaniques intéressantes. Pour ces matériaux, il est possible de contrôler l'aspect de la microstructure, et notamment la longueur des cristaux de mullite en ajustant la composition et les caractéristiques du frittage. Les propriétés mécaniques ont été caractérisées par la méthode de flexion trois points et par indentation. La corrélation entre l'aspect de la microstructure et les propriétés mécaniques montre qu'il est possible d'atteindre une résistance mécanique en flexion de 60MPa et une ténacité de 1,4MPa$\sqrt{m}$.

VI. REFERENCES BIBLIOGRAPHIQUES

[1] M. Mizuno, H. Saito : "Preparation of Highly Pure Fine Mullite Powder", J. Am. Ceram. Soc. 72 [3], 377-82, 1989

[2] L. Saadi et R. Moussa, "Synthesis of Mullite Precursors in Molten Salts. Influence of the Molten Alkali Nitrate and Additives", J. Eu. Ceram. Soc. 19, 1999

[3] S. Hong et G. Messing: "Anisotropic Grain Growth in Boria doped Diphasic Mullite Gels", J. Eu. Ceram. Soc. 19, 1999

[4] D. Amutharani et F.D. Gnanam, "Low temperature pressure less sintering of sol-gel derived mullite", Material Science and Enginnering A264, 254-261, 1999

[5] L.B. Kong et T.S. Zhang, "Some main group oxides mullite phase formation and microstrukture evolution", J. of Alloys and Compounds 359, 2003

[6] J. A. Salem, J. L. Shannon et R. C. Bradt, " Crack Growth Resistance of Textured Alumina", J. Am. Ceram. Soc. 72 (1), 20-27, 1989

[7] G. Lecomte, "transformations thermiques, organisation structurale et frittage des composés kaolinite-muscovite", thèse de doctorat de l'université de Limoges, 2004

[8] K. Traoké, T.S. Kabre et P. Blanchart, "Sintering of a clay from Burkina faso by dilatometry. Influence of the applied load and the pre-sintering heating rate", Ceramics International 27, 875-882, 2001

[9] J. Eberhart, "Transformation de la muscovite par chauffage entre 700 et 1200°C". Bull. Soc. franc. Miner. Cristallogr. 86, 213-251, 1963

[10] K.J.D. Mackenzie, I.W.M. Brown, C.M. Cardile, R.H. Meinhold, "The Thermal Reaction of Muscovite Studied by High Resolution Solid State 29-Si and 27-Al NMR", J. Mat. Sci., 22, 2645-54, 1987

[11] N. Sundius et A. Byström, "Decomposition products of muscovite at temperatures between 1000 and 1260°C", Trans. Brit. Ceram. Soc. 52, 632-642, 1955

[12] G. Brindley et J. Lemaitre, "Thermal, oxidation and reduction reactions of clay minerals. Chemistry of clays and clay minerals", ACD. Newman Eds., Mineral. Soc. Great Britain Monograph n°6, London, 319-370, 1987

[13] A. Baronnet, "Sur les origines des dislocations vis et des spirales de croissance dans les micas", Journal of crystal growth 19, 193-198, 1973

[14] Y.F.Chen et S. Vilminot, "Characterization of sol gel mullite powders", Materials Research Bulletin 30, 291-298, 1995

[15] D. Janackovic et V. Janackovic, "Synthesis of mullite nanostrucured spherical powder by ultrasonic spray pyrolysis", NanoStructured Materials 10, 341-348, 1998

[16] M.M. Patil, "Synthesis of bismuth oxide nanoparticles at 100°C", Mater. Letters 59, 2523-252, 2005

[17] A.K. Chakraborty, "Aluminosilikate formation in various mixtures of tetra ethyl ortosilicate (TEOS) and aluminum nitrate (ANN)", Thermochimica Acta 427, 109-116, 2005

[18] E.I. Speranskaya et V.M. Skorikov, "System $Al_2O_3 - Bi_2O_3$", Inorg. Mater., 6 [7], 1201-1202, (1970)

[19] J.F. MacDowell et G.H. Beall, "System SiO_2-Al_2O_3", J. Am. Ceram. Soc. 52 [1], 17-25, 1969

[20] Yu. F. Kargin et V.P. Zhereb, "System Bi_2O_3-SiO_2", Russ. J; Inorg. Cehm. 36 [10], 1466-1469, 1991

[21] Z. Chen et L. Zhang, "Novel Method of adding seeds for preparation of mullite", J. Mat. Proc. Tech. 166, 183-187, 2005

[22] K. Akshoy, "DTA study of preheated kaolinite in the mullite formation region", Thermochinica Acta 398, 203-209, 2003

[23] V. Fruth et A. Ianculesca, "Synthesis, structure and properties of doped Bi_2O_3", J. Eu. Ceram. Soc., vol. 26, no14, pp. 3011-3016 2006

[24] R. Moussa, J.-L. Chermant et F. Osterstock, "Evaluation des paramètres de rupture par la méthode du défaut contrôlé : application à SiC", Bulletin de la Société Française de Céramique 757, 59-73, 1981

[25] D. Chicot, A. Pertuz, F. Roudet et J. Lesage, "Indentation Vickers et Knoop, conversion des duretés", Compte rendu du 16ième Congrès Français de Mécanique, 2003

[26] Y.-T. Cheng et C.-M. Cheng, "Relationship between hardness, elastic modulus, and the work of indentation", Applied Physics Letters 73 (5), 614-616, 1998

[27] W.-C. Oliver et G.-M. Pharr, "A new improved technique for determining hardness and elastic modulus using load and sensing indentation experiments", J. Mat. Research 7, 1564-1583, 1992

[28] A. Gatto, "Critical evaluation of indentation fracture toughness measurements with Vickers indenter on ceramic matrix composite tools", J. mat. Proc. Techno. 174 (1-3), 67-83, 2006

[29] K. Niihara, K. Morena et D. Hasselmann, "Evaluation of K_{IC} of brittles solids by the indentation method with low crack-to-indent ratios", J. Mat. Sc. Lett. 1, 13-16, 1982

[30] J.D. MacKenzie, "The effects of impurities on the formation of mullite from kaolinite-type minerals", Trans. Brit. Ceram. Soc. 68 (3), 97-101, 1969

[31] A. Ribeiro, G. Pintaude et A. Sinatora, "The use of a Vickers indenter in depth sensing indentation for measuring elastic modulus and Vickers hardness", Materials Research, 7 (3), 483-491, 2004

[32] F. Petit, V. Vandeneede et F. Cambier, "Relevance of instrumented microindentation for the assessment of hardness and Young's modulus of brittle materials", Mat. Science and Engineering : A; 2006

CONCLUSION GENERALE

La morphologie bidimensionnelle des phyllosilicates est favorable à la réalisation d'assemblages particuliers, formés de l'empilement de feuillets. En alternant des minéraux différents, il est possible d'obtenir des assemblages présentant des propriétés particulières. Dans ce travail de thèse, nous avons expérimenté les propriétés d'assemblages alternés de grandes feuilles de muscovite de la région du Bihar en Inde et de dépôts de kaolinite. La dimension de ces assemblages peut atteindre 5×5cm et 3mm d'épaisseur soit environ 40 couches. Le frittage entre 1000°C et 1300°C de ces assemblages conduit à la formation d'une microstructure micro-composite de mullite dans une matrice peu organisée structuralement. En contrôlant précisément les paramètres du procédé de mise en forme et les conditions de frittage, on modifie la quantité, la taille et le degré d'organisation des cristallites anisotropes de mullite.

Pour optimiser la formation d'un réseau organisé de cristaux de mullite, nous avons étudié à la fois les transformations structurales, les transformations thermiques et le processus de frittage des matériaux minéraux et de leurs assemblages. C'est l'ensemble des connaissances acquises dans ces différentes voies de recherche qui ont permis la réalisation de matériaux réellement utilisables et qui présentent des propriétés mécaniques intéressantes.

Les transformations thermiques des phyllosilicates sont des processus inséparables de la nature de ces minéraux et sont la déshydroxylation et la réorganisation structurale. En fonction du type de minéral, ces transformations ont lieu dans des intervalles de température différents et les cinétiques des phénomènes peuvent varier considérablement. L'association de minéraux différents influence ainsi les phénomènes d'interactions entre minéraux, qui favorisent les recristallisations et influencent la formation de la microstructure.

Les études des transformations thermiques des minéraux kaolinite et muscovite ont montré l'existence de séquences de transformation très spécifiques. Dans le cas de la kaolinite, une déshydroxylation apparaît entre 500 et 650°C et cette température est suffisamment basse pour ne pas favoriser les interactions avec la muscovite. La cinétique du processus de déshydroxylation est à l'origine de variations du degré d'organisation structurale du matériau déshydroxylé. Il influence la réorganisation structurale vers 1000°C qui est un des processus initiateurs de la formation de la mullite. En ayant une bonne connaissance des cinétiques des phénomènes, on doit être en mesure d'optimiser le processus de germination de la mullite. Dans ce contexte, nous montrons qu'en utilisant les méthodes expérimentales habituelles, comme la DSC, l'interprétation des données par les modèles cinétiques reconnus comme le modèle de Kissinger, ne permet pas d'obtenir des valeurs de cinétique de recristallisation significatives. La recherche d'une méthode expérimentale différente est rendue particulièrement difficile en raison de l'intervalle très étroit de température et la température relativement élevée du processus lorsqu'il est observé par DSC. Néanmoins, malgré la signification limitée des données de cinétique de recristallisation, il semble que le processus de germination des phases cristallines se fasse avec une cinétique relativement rapide en comparaison des intervalles de temps choisi par le cycle de frittage, ce qui sera favorable à la formation de la mullite dans nos matériaux.

L'analyse des transformations thermiques de la muscovite a été réalisée avec des plaquettes de muscovite pour observer les effets liés à la dimension des cristaux (jusqu'à 5cm). Les analyses thermogravimétriques pendant la déshydroxylation montrent l'existence de deux étapes principales séparées par une étape de transition dont l'importance dépend de la taille des cristaux. En général, une étape pendant laquelle la condensation des hydroxyles adjacents prédomine précède une étape favorable à la diffusion de l'eau à travers et dans le plan des feuillets. La prédominance de l'un de ces mécanismes est toujours mise en évidence par la valeur du paramètre d'Avrami n qui diminue de ~ 4 à $\sim 0,4$ avec le degré d'avancement x de la réaction. Simultanément, l'énergie d'activation associée à la réaction globale varie peu avec x. En conséquence, un mécanisme de condensation des hydroxyles prédomine dans un intervalle étroit de x au début de la déshydroxylation, et la diffusion devient ensuite le mécanisme qui limite la réaction. Dès lors que la cinétique de la réaction globale augmente fortement avec la température et diminue avec l'augmentation de x, l'eau vapeur du réseau peut favoriser l'exfoliation des empilements de feuillets par le déplacement, quand x augmente, de la zone de condensation des molécules d'eau vers l'intérieur des assemblages de feuillets. Macroscopiquement, l'expansion des feuilles de muscovite apparaît dans un intervalle très étroit de température qui dépend du cycle thermique. Pour notre application, nous montrons qu'il est possible de limiter l'amplitude de l'exfoliation en adaptant le cycle thermique jusqu'à 1000°C, de façon à réduire la cinétique des mécanismes de condensation et de diffusion de l'eau dans les assemblages de feuillets.

Simultanément à la déshydroxylation et à l'exfoliation des feuillets, la structure de la muscovite change progressivement et continuellement pour former la structure haute température de la muscovite. Nos études ont été menées avec des muscovites traitées à 650°C, 980°C et 1095°C et dès la température eutectique à 1140°C, la structure devrait être désorganisée. Au-dessous de cette température, une caractéristique spécifique de la muscovite est le maintien de l'organisation en quasi-feuillets. Les caractérisations par diffraction des rayons X ont été interprétées par des affinements Rietveld. Ils confirment le changement de coordination de 6 à 5 des atomes d'aluminium, aux températures supérieures à 650°C. Ceci entraîne des changements de l'organisation structurale comme la modification des positions relatives des unités tétraédriques au sein des arrangements spécifiques de la couche tétraédrique. Bien que la diffraction des rayons X donne des informations précises sur la structure et la position des cations, il nous a semblé utile de corréler nos résultats avec une technique de diffraction de neutrons, afin de préciser les positions des atomes d'oxygène et l'étendue des déviations par rapport à la structure moyenne. Néanmoins, la muscovite haute température est peu ordonnée à l'échelle de quelques distances inter-atomiques et les informations structurales obtenues à partir des pics de diffraction sont peu détaillées. Il est plus intéressant de considérer la partie diffuse des diagrammes pour obtenir des informations sur l'arrangement structural et l'affinement de la structure a été réalisé avec les fonctions de distribution de paires atomiques. Ceci montre que l'organisation structurale diminue à relativement longue distance, au-dessus de 5Å. En dessous de cette distance, un ordre local est maintenu, avec l'alignement préférentiel des unités SiO_4 et AlO_{6-5}. Nous avons pu vérifier par microscopie que l'organisation structurale résiduelle de la forme haute température de la muscovite favorise la croissance épitaxiale des cristaux de mullite dans les directions préférentielles [010], [310] ou [$\bar{3}$10].

Le matériau fritté a une microstructure organisé micro-composite, avec la mullite comme phase largement majoritaire distribuée dans une matrice peu organisée structuralement. La réalisation de matériaux utilisables a nécessité l'optimisation d'une méthode spécifique de mise en forme qui utilise l'assemblage de feuillets de muscovite et d'un dépôt d'épaisseur contrôlé à partir d'une suspension de kaolin. Les matériaux obtenus sont sous la forme de substrats, qui après frittage peuvent être utilisés pour des caractérisations mécaniques.

Le frittage de ces assemblages est une étape qui a nécessité un grand nombre d'expérimentations afin d'obtenir des matériaux denses dont la microstructure présente les caractéristiques recherchées, et notamment la formation d'un réseau interconnecté de cristaux de mullite dans les plans des feuillets initiaux. Dans ce but, nous avons dû optimiser à la fois le cycle thermique de frittage et de pression uni-axiale exercée sur l'échantillon, en fonction de la température et du temps.

Pendant le frittage, la dimension des cristaux de mullite et notamment leur longueur dépend du cycle de frittage et de sa température ainsi que de la quantité de phase liquide localisée aux interfaces. Pour favoriser ce processus, nous avons étudié l'influence de petite quantité de Bi_2O_3 qui, en association avec les phases silico-aluminates forme un liquide vers 1000°C. Ce processus a d'abord été étudié avec des composés SiO_2-Al_2O_3-Bi_2O_3 pour préciser leurs transformations en fonction de la température et ensuite nous avons observé le comportement lors du frittage d'assemblage kaolinite-muscovite contenant Bi_2O_3. Dans ce cas, on observe un abaissement significatif de l'intervalle de température dans lequel la vitesse de croissance de la mullite est élevée. Néanmoins, il semble que la formation d'hétérogénéités de composition localisées aux interfaces favorise la diminution du degré d'organisation de la microstructure.

Si pour l'ensemble des matériaux avec ou sans ajouts de Bi_2O_3, il est possible de contrôler l'aspect de la microstructure en ajustant la composition et les caractéristiques du frittage, la maîtrise des procédés associée à l'optimisation des compositions a permis d'obtenir des matériaux ayant de meilleures propriétés mécaniques. Ces propriétés, c'est à dire la contrainte à la rupture en flexion et la ténacité ont été mesurées par la méthode de flexion trois points et par indentation. La corrélation avec l'aspect des microstructures a été réalisée par analyses d'images MEB, de façon à obtenir la distribution des longueurs (axe $\vec{c}$) et largeurs (axes $\vec{a}$, $\vec{b}$) des cristaux. Ces dimensions sont très bien corrélées aux propriétés mécaniques et cela montre qu'il est possible d'optimiser la résistance mécanique en flexion et la ténacité qui atteignent respectivement 60MPa et $1,4 MPa\sqrt{m}$. Ces valeurs sont supérieures à celles obtenues avec des matériaux de mullite de composition similaire et comparables aux propriétés des substrats d'alumine.

LISTE DES FIGURES

Figure I.1 : (a) Arrangement plan hexagonal d'ions O^{2-} et (b) arrangement plan compact d'ions O^{2-} et OH^-.

Figure I.2 : Représentation dans l'espace d'un feuillet **TOT** de phyllosilicate 2:1

Figure I.3 : Représentation schématique d'un feuillet de kaolinite.

Figure I.4 : (a) Morphologie d'une kaolinite très bien cristallisée et (b) représentation d'une plaquette de kaolinite.

Figure I.5 : Morphologie des plaquettes des kaolins (a) KF et (b) Bip.

Figure I.6 : Diffractogrammes des kaolins étudiés : (a) kaolin KF et (b) kaolin Bip.

Figure I.7 : Représentation schématique d'un feuillet de muscovite.

Figure I.8 : (a) Bloc de muscovite, strié par le clivage (001) très fin et régulier, (b) plaquettes de la muscovite utilisée, parfaitement limpides, de dimensions 5×5cm et (c) observation MEB d'une muscovite.

Figure I.9 : Structure de la partie supérieure de la première couche de la muscovite $2M_1$ avec la représentation des agitations thermiques anisotropiques ellipsoïdales de chaque atome. Rotation de la couche tétraédrique supérieure d'un angle de 11,4° par rapport à la couche inférieure autour de (z).

Figure I.10 : Fréquence annuelle de publications faisant référence à la mullite dans les mots clés (Source Caplus- Medline).

Figure I.11 : Système binaire SiO_2-Al_2O_3. La ligne continue représente l'état d'équilibre de la mullite. La ligne discontinue délimite la zone de métastabilité et montre la possibilité d'existence d'un liquide au-dessous de la température eutectique.

Figure I.12 : (a) Structure de la mullite en projection dans le plan ($a\ b$) et (b) en représentation 3D où les assemblages d'unités AlO_6 (en violet) suivant l'axe $\vec{c}$ sont clairement visibles.

Figure II.1 : Schéma représentatif d'un dispositif ATD-ATG couplé.

Figure II.2 : Dilatomètre optique Misura 3.32.

Figure II.3 : Courbe ATD-ATG du kaolin KF.

Figure II.4 : Courbe ATD du kaolin Bip.

Figure II.5 : Partie des courbes ATD du kaolin kga-1b traité à différentes vitesses de montée en température.

Figure II.6 : Tracé de Kissinger pour la détermination de l'énergie apparente d'activation du phénomène lié au pic exothermique entre 970°C et 1020°C.

Figure II.7 : Diagrammes de diffraction de rayon X du kaolin kga-1b à 1050 et 1100°C (10°.min^{-1} ; 2h). M : mullite ; T : TiO_2 ; S : Al-Si spinelle.

Figure II.8 : (a) Image TEM du kga-1b après calcination à 1050°C (5°C min^{-1} ; 2h) ; (b) Image TEM du kga-1b après calcination à 1100°C (10°C min^{-1} ; 4h) ;

Figure II.9 : Courbe ATD-ATG de la muscovite Bihar.

Figure II.10 : (a) Taux de transformation x des plaquettes de muscovite en fonction du temps, dans l'intervalle de température 700-850°C ; (b) Taux de transformation de plaquettes de muscovite en comparaison à celui de la poudre pour l'isotherme à 750°C.

Figure II.11 : Ln(-ln(1-x)) en fonction de ln(t) à 750°C pour les plaquettes et la poudre de muscovite.

Figure II.12 : Ln(-ln(1-x)) en fonction de ln(t) des plaquettes de muscovite dans l'intervalle de température 700-850°C.

Figure II.13 : Valeurs limites de x pour les étapes de déshydroxylation initiale, transitoire et finale, en fonction de la température.

Figure II.14 : Tracé de l'équation d'Arrhenius dans l'intervalle de température 700-850°C pour des valeurs typiques de x.

Figure II.15 : Tracé d'Arrhenius de τ_1 et τ_2 calculés à partir de 2 termes exponentiels de l'isotherme dx/dt.

Figure II.16 : Dilatation de l'épaisseur des plaquettes de muscovite en fonction de la température, pour les rampes 18°C.h^{-1} et 10°C.min^{-1} avec un palier de 3h, en comparaison avec la courbe d'ATG lors d'une rampe de 10°C.min^{-1}.

Figure II.17 : Dilatation des plaquettes de muscovite pendant l'expérience isotherme à 735°C présentant un palier de 55 heures.

Figure III.1 : Affinements Rietveld des diagrammes de diffraction de rayons X sur poudre de la muscovite Bihar : à 20°C (a), 650°C (b), 980°C (c) et 1095°C (d).

Figure III.2 : Représentation schématique de la courbe octaédrique d'un feuillet de muscovite à 650°C (a) et 980°C (b).

Figure III.3 : Représentation schématique de l'évolution d'un octaèdre avant et après déshydroxylation à différentes températures : 20°C (a), 650°C (b), 980°C (c) et 1095°C (d).

Figure III.4 : Exemple de diagramme de diffraction de neutron de la muscovite traitée à 1095°C

Figure III.5 : Courbe PDF expérimentale à partir de diffraction de neutrons (en vert) en comparaison avec celle obtenue par affinement à partir de PDFFIT (en noir) et PDF calculé à partir des données de diffraction rayons X (en rouge) dans l'intervalle 0,5-10Å

Figure III.6 : Organisation structurale en 3D de la muscovite Bihar traitée à 1095°C

Figure III.7 : Projection (001) de la couche alumineuse de la muscovite après traitement à 980°C (a) et 1095°C (b)

Figure III.8 : Image MEB illustrant l'orientation préférentielle des cristaux de mullite à l'interface d'un dépôt muscovite-kaolinite fritté à 1275°C.

Figure III.9 : Projection (001) de la couche tétraédrique de la muscovite Bihar après calcination à 980°C (a) et 1095°C (b)

Figure IV.1 : Observation par microscopie visible du multicouche muscovite-kaolin Bip après frittage à 1200°C

Figure IV.2 : Matériau multicouche kaolin KF-muscovite calciné à 1300°C (a) sous air, (b) sous argon

Figure IV.3 : Schéma représentatif du four de frittage sous charge.

Figure IV.4 : Déformation sous charge constante (200 bars) d'un assemblage multicouche kaolin-muscovite

Figure IV.5 : Cycle optimum de frittage des échantillons multicouches kaolin-muscovite

Figure IV.6 : Diagramme de diffraction des rayons X d'un assemblage kaolin-muscovite, fritté à 1300°C. * : Mullite ; ° : Alumine de transition

Figure IV.7 : Clichés de microscopie électronique à balayage des échantillons (kaolin Bip-muscovite) frittés à (a) 1200°C, (b) 1250°C, (c) 1300°C et (d) 1350°C

Figure IV.8 : Clichés de microscopie électronique à balayage des échantillons (kaolin Bip avec Bi_2O_3 - muscovite) frittés à (a) 1200°C et (b) 1250°C

Figure IV.9 : Observations MEB des sections polies de nos matériaux (kaolin Bip-muscovite) frittés à 1225°C (a), 1250°C (b), 1275°C (c) et (kaolin Bip avec Bi_2O_3 - muscovite) frittés à 1200°C (d) et à 1250°C (e)

Figure IV.10 : Longueur des cristaux de mullite ; kaolin sans ajout

Figure IV.11 : Longueur des cristaux de mullite ; kaolin avec ajout de Bi_2O_3

Figure IV.12 : Observations MEB d'un assemblage muscovite-kaolinite fritté à 1275°C (a, b) et à 1250°C (c).

Figure VI.13 : Plot 2θ des 864 diagrammes expérimentaux en partie basse et affinements en partie haute.

Figure IV.14 : Exemples d'affinements des diagrammes expérimentaux

Figure IV.15 : Figures de pôles pour les axes {020}, {200} et {001} de la mullite

Figure IV. 16 : Figure de pôle pour l'axe {001} de la mullite, normalisée par rapport à l'intensité maximale de cette figure.

Figure IV.17: Compositions des gels (% masse) dans le diagramme ternaire SiO_2-Al_2O_3-Bi_2O_3

Figure IV.18 : ATD des échantillons 4, 5, 6, 7 après traitement thermique préalable à 500°C.

Figure IV.19 : Diagrammes de diffraction des rayons X de l'échantillon 4 ($3Al_2O_3$. $2(Si_{0,7}.Bi_{0,3})O_2$) après trempe depuis 1000°C et 1100°C ; (M-mullite)

Figure IV.20 : Diagrammes de diffraction des rayons X de l'échantillon 5 (5% mole Bi_2O_3) après trempe depuis 1000 et 1100°C ; (M-mullite, A-aluminate de bismuth, B-silicate de bismuth, X-nouvelle phase).

Figure IV.21 : Diagrammes de diffraction des rayons X de l'échantillon 6 contenant 18 % masse Bi_2O_3, après trempe depuis 1000°C, 1100°C et 1250°C ; (A-aluminate de bismuth, B-silicate de bismuth, X-nouvelle phase, C-corindon).

Figure IV.22 : Diagrammes de diffraction des rayons X de l'échantillon 7 contenant 40% masse Bi_2O_3, après trempe dans l'intervalle 770-1250°C ; (A-aluminate de bismuth, B-silicate de bismuth, X-nouvelle phase, C-corindon, S-sillenite)

Figure IV.23 : Diagrammes binaires du système SiO_2–Al_2O_3–Bi_2O_3

Figure IV.24 : Diagramme pseudo-binaire Bi_2O_3 – mullite; B – Silicate de bismuth; A– Aluminate de bismuth ; S – Sillenite; M – Mullite; C – Corindon

Figure IV.25 : Microstructure à l'interface Muscovite-kaolinite avec 5% mole de Bi_2O_3

Figure IV.26 : Courbe type force - allongement des composites frittés

Figure IV.27 : (a) Module d'Young; (b) résistance mécanique par flexion 3 points

Figure IV.28 : Schéma représentatif d'un indenteur de type Vickers

Figure IV.29 : Mode de fissuration: (a) latéral; (b) médian

Figure IV.30 : Indentation vue suivant la section

Figure IV.31 : (a) Evolution de la longueur des fissures en fonction de la charge et (b) Evolution de la longueur des fissures en fonction du temps de maintien pour $P=1500g$

Figure IV.32 : Indentation sous 1500g pendant 30 secondes

Figure IV.33 : Module d'élasticité en fonction de la longueur des cristaux

Figure IV.34 : K_{IC} en fonction de la longueur des cristaux

Figure IV.35 : Longueur des cristaux pour chaque type d'échantillon

Figure IV.36 : Résistance mécanique en fonction de la longueur des cristaux de mullite

LISTE DES TABLEAUX

Tableau I.1 : Classification de minéraux argileux fréquemment utilisés.

Tableau I.2 : Compositions chimiques des kaolins utilisés exprimées en pourcentages massiques d'oxydes.

Tableau I.3 : Composition minéralogique (% massique) des kaolins KF et Bip.

Tableau I.4 : Propriétés physiques principales de la muscovite utilisée en électrotechnique.

Tableau I.5 : Compositions chimiques de la muscovite pure et de la muscovite Bihar (Inde) exprimées en pourcentages massiques.

Tableau II.1 : Températures de transformation de la kaolinite et de la muscovite à pression atmosphérique (d'après Brindley et Lemaître).

Tableau II.2 : Lois cinétiques répertoriées par Sharp et *al.*

Tableau II.3 : Compositions chimiques et minéralogiques du kaolin kga-1b.

Tableau II.4 : Variations d'enthalpie obtenues par les mesures calorimétriques pendant la déshydroxylation et la réorganisation structurale du kaolin kga-1b.

Tableau II.5 : Les valeurs de n et k calculées pour les étapes initiales, transitoires et finales de déshydroxylation en précisant les valeurs limites de x pour chaque étape.

Tableau II.6 : Valeurs d'énergie d'activation E obtenues à partir de l'équation d'Arrhenius en fonction du taux d'avancement x.

Tableau II.7 : Vitesses de transformation et énergies d'activation obtenues à partir des 2 termes de l'expression exponentielle de l'isotherme dx/dt

Tableau III.1 : Paramètres de mailles de la muscovite Bihar à température ambiante en comparaison avec ceux obtenus par Guggenheim et al.

Tableau III.2 : Détails des affinements Rietveld.

Tableau III.3 : Contraintes des distances inter-atomiques appliquées dans l'affinement des structures cristallines à 980°C et 1095°C.

Tableau III.4 : Paramètres de mailles de la muscovite Bihar à différentes températures

Tableau III.5 : Positions des atomes et facteurs d'agitation thermiques de la muscovite Bihar, à 20°C, 650°C, 980°C et 1095°C, obtenus à partir des affinements des diagrammes DRX

Tableau III.6 : Distances inter-atomiques entre les atomes de silicium, d'aluminium et d'oxygène, de la muscovite Bihar à 20°C, 650°C, 980°C et 1095°C

Tableau III.7 : Variation des paramètres de positions des atomes d'oxygène.

Tableau III.8 : Longueurs de liaisons K-O mesurées dans cette étude, en comparaison avec celles obtenues par Guggenheim et *al.* et Udagawa et *al.*.

Tableau III.9 : Nombres de coordination de l'aluminium et nombre d'anions à différentes températures, en comparaison avec d'autres résultats de la littérature

Tableau III.10 : Positions relatives des atomes de la muscovite à 1095°C obtenues par affinements PDF

Tableau IV.1 : Longueurs moyennes des cristaux de mullite (µm).

Tableau IV.2 : Compositions des gels

Tableau IV.3 : Températures des traitements thermiques des échantillons 4, 5, 6 et 7.

Annexe 1 : Titres et résumés des publications

thermochimica acta

www.elsevier.com/locate/tca

Thermochimica Acta 451 (2006) 99–104

Significance of kinetic theories on the recrystallization of kaolinite

K. Traoré [a], F. Gridi-Bennadji [b], P. Blanchart [b,*]

Abstract

Mathematical methods have been extensively used for the analysis of data obtained from non-isothermal thermal analysis of kaolinite or other clay minerals and Kissinger description is frequently considered. It is based on an Avrami-type transformation and an Arrhenian dependence of the reaction rate. In general, the calculation of the activation energy uses an incorrect neglect of the temperature dependence of the transformation rate. For kaolinite, Kissinger method applied to dehydroxylation gives an activation energy close to the measured enthalpy change for the reaction, but for recrystallization the activation energy exceeds the enthalpy change by a factor as high as 30. It is related to the complex character of recrystallization, since nucleation and crystal growth simultaneously occur, with the existence of both spinel and mullite phases. Consequently, the temperature dependence of recrystallization cannot be assumed to be Arrhenian. An interpretation is also found with Polanyi–Wigner equation applied to kaolinite transformations. Using thermodynamic data of entropy variation, the recrystallization rate should attain very high values, ranging from 5 to 10 order of magnitude over standard values for solid transformations. These observations cast some doubts on calculated activation energy of kaolinite recrystallization obtained from Kissinger kinetic method.

Keywords: DSC; Kissinger; Kaolinite

Journal of Thermal Analysis and Calorimetry, 2007

DEHYDROXYLATION KINETIC AND EXFOLIATION OF LARGE MUSCOVITE FLAKES

*F. Gridi-Bennadji and P. Blanchart**

GEMH, Ecole Nationale Supérieure de Céramique Industrielle, Limoges, France

The thermal transformations of muscovite flakes are a key point in many applications because besides dehydroxylation a significant exfoliation process occurs. Dehydroxylation kinetic is experimented by isothermal TG analyses in the 700–850°C temperature range and described with the Avrami theory. Hydroxyl condensation predominates at the onset of the process, but water diffusion is the most important process when the transformed fraction is high. The progressive transition between the two transformation stages contrast with the more accentuated transition for a ground muscovite. The activation energy varies weakly (190–214 kJ mol^{-1}) in the whole transformation process that supports the co-existence of hydroxyl condensation and diffusion phenomena. Dehydroxylation kinetic increases strongly with temperature and decreases with the reaction advancement. Exfoliation is correlated with dehydroxylation kinetic and occurs in a narrow transformation and temperature ranges. An in-situ combination process of hydroxyls occurs and water vapor favors the layer expansion.

Keywords: dehydroxylation, exfoliation, flakes, muscovite

 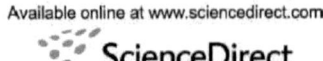 

Applied Clay Science xx (2007) xxx–xxx

www.elsevier.com/locate/clay

Structural transformations of Muscovite at high temperature by X-ray and neutron diffraction

F. Gridi-Bennadji [a], B. Beneu [b], J.P. Laval [c], P. Blanchart [a,*]

Abstract

Structural transformations of Muscovite at temperature up to 1095 °C were determined using powder X-ray and neutron diffraction. Data were collected at room temperature from preliminary heated and quenched samples at 650 °C, 980 °C and 1095 °C. X-ray data were interpreted by either Rietveld method and neutron data, which complete the structural information by a better assignation of oxygen positions. With neutron data atom position was refined by fitting Pair Distribution Functions. It was found to be a progressive but continuous microstructural change, with the formation of an increasingly disorganized structure, but the layered organization of muscovite is maintained up to 1095 °C. Rietveld refinements from X-ray confirm the 6 to 5 coordination of Al atoms above 650 °C. It induces some structural changes as the orientation and mutual position of tetrahedrons in silicate layers. Pair Distribution Function refinements show the weakening of the long range structural organization, above 5 Å. At lower distance, a local order is maintained and the preferential alignments of both alumina unit pairs and silica tetrahedron were observed. This residual structural order of high-temperature muscovite is favorable to the achievement of textured ceramics.

Keywords: Muscovite; Structure; Dehydroxylation; X-ray diffraction; Neutron diffraction

"Mullite interaction with bismuth oxide from minerals and sol-gel processes"

F. GRIDI-BENNADJI, J. Zimová, J. P. Laval, P. Blanchart

Publication rédigée et en cours de soumission.

ABSTRACT :

The high temperature treatment of kaolinite-muscovite alternate layers doped by bismuth oxide was studied by TGA and DTA, X ray diffraction, and electron microscopy (SEM). Thermal analyses shows that the two main transformation stages are the dehydroxylation of phyllosilicates and the structural reorganization of the whole assembly.

During dehydroxylation, a progressive decrease of the structural order of kaolinite and muscovite occurs. It is more significant at temperature above 1000°C and mullite, glass and Al-rich oxides are formed. Mullite exhibits an accentuated acicular morphology along 3 preferential orientations in relation to the remaining structure in the basal $(001)_{musc}$ planes of the former muscovite.

With addition of bismuth oxide, SEM observations point to strong accentuation of mullite growth along the c axis, even at 1050°C. This behavior was studied with various mullite-bismuth oxide compounds at temperatures ranging from 1000°C to 1400°C. Sol-gel processing were performed with TEOS $(C_2H_5O)_4Si$, aluminum nitrate $Al(NO_3)_3.9H_2O$ and bismuth nitrate $Bi(NO_3)_3$.

From Rietveld refinements of X ray diffraction patterns it was found that bismuth doesn't form a specific phase with mullite during the mullite nucleation and growth. At low Bi_2O_3 content, mullite coexists with amorphous silico-aluminate phases, even at high temperature. When the Bi_2O_3 content increases above 12mol%, mullite is no longer crystallized and aluminum bismuth oxide and silicon bismuth oxide are formed at 750°C. The liquidus temperature is below 1100°C and decreases with Bi_2O_3 addition. Above the liquidus, only corundum and a liquid coexist. A tentative mullite-Bi_2O_3 phase diagram is proposed. These results evidence the Bi_2O_3 role on the early and large mullite growth in kaolinite-muscovite materials. Particularly, a very low quantity of a low viscous phase favor the local mobility of diffusing species and promotes the nucleation and growth of large mullite crystals.

KEY WORDS: Crystal growth, textured mullite, bismuth, high temperature studies.

Annexe 2 : Diagramme ternaire Al_2O_3-SiO_2-K_2O

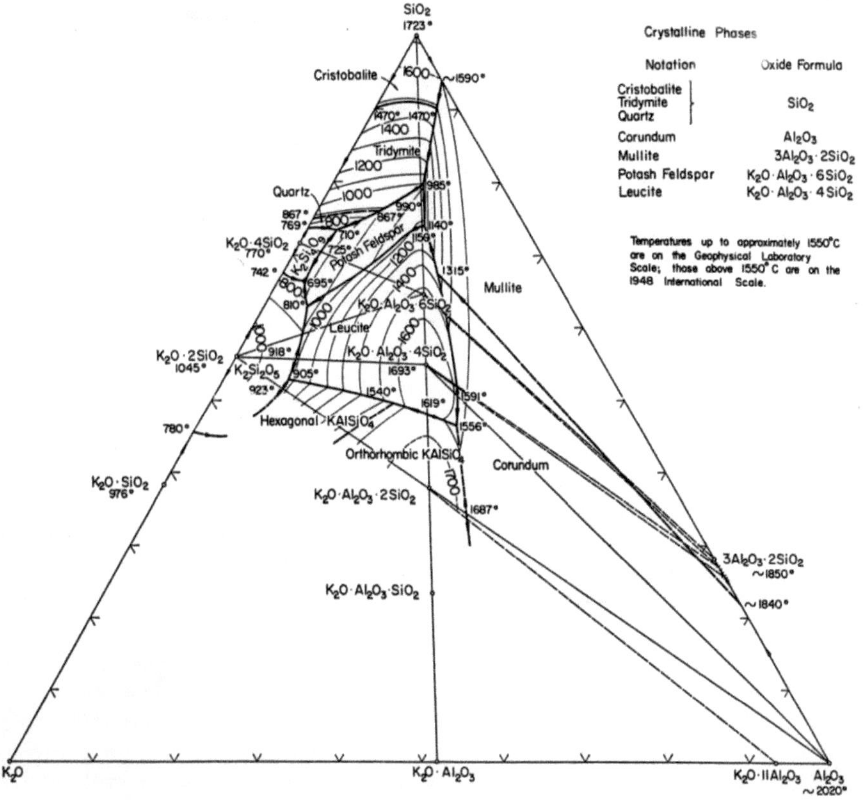

FIG. 407.—System K_2O-Al_2O_3-SiO_2; composite.

E. F. Osborn and Arnulf Muan, revised and redrawn "Phase Equilibrium Diagrams of Oxide Systems," Plate 5, Published by th American Ceramic Society and the Edward Orton, Jr., Ceramic Foundation, 1960.

Principal References

F. C. Kracek, N. L. Bowen, and G. W. Morey, *J. Phys. Chem.*, **33**, 1857-79 (1929).
F. C. Kracek, N. L. Bowen, and G. W. Morey, *J. Phys. Chem.*, **41**, 1183-93 (1937).
N. L. Bowen and J. W. Greig, *J. Am. Ceram. Soc.*, **7**, 238-54 (1924); corrections, *ibid.*, 410.
N. A. Toropov and F. Ya. Galakhov, *Vopr. Petrogr. i Mineralog.*, *Akad. Nauk S.S.S.R.*, **2**, 245-55 (1953).
Shigeo Aramaki and Rustum Roy, *Nature*, **184**, 631-32 (1959).
J. F. Schairer and N. L. Bowen, *Am. J. Sci.*, **253**, 681-746 (1955).

MATERIAUX DE MULLITE A MICROSTRUCTURE ORGANISEE A PARTIR D'ASSEMBLAGES DE MUSCOVITE ET KAOLINITE.

Résumé

Des matériaux de mullite à microstructure organisée sont réalisés à partir d'assemblages des minéraux muscovite et kaolinite. L'étude par diffraction Rx et de neutrons de la muscovite montre l'effet de la température sur la réduction de l'organisation structurale, alors que l'arrangement en feuillets et l'alignement préférentiel des unités structurales dans les 3 directions de cristallisation sont maintenus jusqu'à 1095°C. La croissance organisée de grands cristaux de mullite est favorisée par un phénomène d'épitaxie.

L'étude de la cinétique des transformations thermiques et du processus d'exfoliation de la muscovite ainsi que du cycle de frittage permettent d'obtenir des substrats de 500µm d'épaisseur. Les corrélations entre la microstructure et les propriétés mécaniques montrent la possibilité d'obtention de matériaux dont la résistance mécanique et la ténacité sont élevées en comparaison de celles des matériaux de composition similaire.

Mots clés: Phyllosilicates, mullite, composite, microstructure, structure

MULLITE MATERIALS WITH AN ORGANIZED MICROSTRUCTURE FROM KAOLINITE – MUSCOVITE ASSEMBLAGES

Abstract

Micro-composite materials with an organized microstructure with mullite are formed from assemblages of muscovite and kaolinite minerals. Rx diffraction and neutron studies of muscovite point to the temperature effect on the reduction of the structural organization, while sheet arrangements and preferential orientations of structural units in the 3 directions of mullite crystals are maintained up to 1095°C. These behaviors favor the organized growth of large mullite crystals by epitaxy on the high-temperature form of muscovite.

The study of the kinetics of thermal transformations and of the exfoliation process of muscovite leads to the optimization of the sintering process of substrates with a thickness of 500µm. The study of correlations between microstructure and mechanical properties leads to the optimization of materials with a higher strength and fracture toughness, in comparison with the behavior of similar materials.

Keywords: Phyllosilicates, mullite, composite, microstructure, structure

Oui, je veux morebooks!

I want morebooks!

Buy your books fast and straightforward online - at one of the world's fastest growing online book stores! Environmentally sound due to Print-on-Demand technologies.

Buy your books online at

www.get-morebooks.com

Achetez vos livres en ligne, vite et bien, sur l'une des librairies en ligne les plus performantes au monde!
En protégeant nos ressources et notre environnement grâce à l'impression à la demande.

La librairie en ligne pour acheter plus vite

www.morebooks.fr

OmniScriptum Marketing DEU GmbH
Heinrich-Böcking-Str. 6-8
D - 66121 Saarbrücken

Telefax: +49 681 93 81 567-9

info@omniscriptum.de
www.omniscriptum.de

Printed by Books on Demand GmbH, Norderstedt / Germany